머리말

전기는 오늘날 모든 분야에서 경제 발달의 원동력이 되고 있습니다. 특히 컴퓨터와 반도체 기술 등의 발전과 함께 전기를 이용하는 기술이 진보함에 따라 정보화 사회, 고도산업 사회가 진전될수록 전기는 인류문화를 창조해 나가는 주역으로 그 중요성을 더해가고 있습니다.

전기는 우리의 일상생활에 있어서 쓰이지 않는 곳을 찾아보기 힘들 정도로 생활과 밀접한 관계가 있고, 국민의 생명과 재산을 보호하는 데에도 중요한 역할을 하고 있습니다. 한마디로 현대사회에 있어 전기는 우리의 생활에서 의 · 식 · 주와 같은 필수적인 존재가 되었고, 앞으로 그 쓰임새는 더욱 많아질 것이 확실합니다.

이러한 시대의 흐름과 더불어 전기분야에 대한 관심은 매우 높아졌지만, 전문적이고 익숙하지 않은 내용에 대한 부담 때문에 쉽게 입문하는 것에 대한 두려움이 존재할 수 밖에 없습니다. 초보자나 비전공자에게 전기라는 학문은 이해하기 어려운 분야이기 때문입니다. 본 교재는 전기기능사를 준비하는 수험생들이 이러한 두려움을 극복하고 쉽고 빠르게 전기에 대한 지식을 쌓고 그것을 바탕으로 자격증 취득에 성공할 수 있도록 구성하였습니다.

실제 실기시험을 위해 꼭 알아야 할 기초이론과 전기공사에 사용되는 재료에 대한 설명을 먼저 제시한 후 대표적인 예시문제를 통해 중요한 출제 포인트를 먼저 익힐 수 있도록 하였습니다. 그리고 무엇보다 중요한 공개문제 실제 작업도면에 모범답안을 제공하여 작업의 순서와 방법을 터득할 수 있도록 구성하였습니다. 또한 연습도면을 제공하여 실전처럼 직접 작업해볼 수 있도록 하여 실기시험 대비에 최적화된 교재입니다.

아무쪼록 본 교재를 통하여 수험생들이 전기기능사 합격의 기쁨을 누릴 수 있기를 바라며, 전기계열의 종사자로 자리매김하고 이 사회의 훌륭한 전기인이 되기를 기원합니다.

정용걸 편저

전기기능사
시험정보

▌ 전기기능사란?

- **자격명** : 전기기능사
- **영문명** : Craftsman Electricity
- **관련부처** : 산업통상자원부
- **시행기관** : 한국산업인력공단
- **직무내용** : 전기에 필요한 장비 및 공구를 사용하여 회전기, 정지기, 제어장치 또는 빌딩, 공장, 주택 및 전력시설물의 전선, 케이블, 전기기계 및 기구를 설치, 보수, 검사, 시험 및 관리하는 직무 수행

▌ 전기기능사 응시료

- **필기 :** 14,500원
- **실기 :** 106,200원

▌ 전기기능사 취득방법

구분		내용
시험과목	필기	1. 전기이론 2. 전기기기 3. 전기설비
	실기	전기설비작업
검정방법	필기	객관식 4지 택일형, 60문항(60분)
	실기	작업형(4시간 30분 정도, 전기설비작업)
합격기준	필기	100점을 만점으로 하여 60점 이상
	실기	100점을 만점으로 하여 60점 이상

❙ 전기기능사 합격률

연도	필기			실기		
	응시	합격	합격률	응시	합격	합격률
2023	60,239	21,017	34.9%	30,545	22,655	74.2%
2022	48,440	16,212	33.5%	27,498	20,053	72.9%
2021	57,148	19,587	34.3%	32,755	23,473	71.7%
2020	49,176	18,313	37.2%	31,921	21,432	67.1%
2019	53,873	16,802	31.2%	29,957	19,832	66.2%

전기기능사 실기
출제기준

직무분야	전기 전자	중직무분야	전기	자격종목	전기기능사	적용기간	2024.01.01 ~2026.12.31
실기검정방법		작업형		시험시간		5시간 정도	

주요항목	세부항목	세세항목
전기 설비 공사	1. 전기공사 준비하기	1. 전기공사를 수행하기 위하여 전기공사 도면을 이해할 수 있다.
		2. 전기공사 수행을 위한 필요 자재물량을 산출할 수 있다.
		3. 전기공사를 수행하기 위해 공구를 용도에 맞게 준비할 수 있다.
	2. 전기배관 배선하기	1. 배관, 배선 공사를 위해 전선관 및 전선을 원하는 사이즈로 재단할 수 있다.
		2. 배관, 배선 공사를 위해 도면을 이해하고 금속관, PVC관 배관을 할 수 있다.
		3. 전기배선을 위해 전선 접속을 정확하게 수행할 수 있다.
	3. 전기기계기구 설치하기	1. 각종 장비의 매뉴얼에 따라 해당장비가 정상적으로 동작되는 지를 판단할 수 있다.
		2. 설계도면에 따라, 선로의 시공의 적합성에 대하여 판단할 수 있다.
		3. 기기의 설치 위치 및 관로의 구성을 파악하여, 문제점을 판단할 수 있다.

전기기능사 실기
출제기준

주요항목	세부항목	세세항목
전기 설비 공사	4. 전동기제어 및 운용하기	1. 시퀀스 원리를 활용하여 작업지침서에 따라 시퀀스 회로를 완성하고 제어용 기기(전자접촉기 등)를 설치할수 있다.
		2. 전동기 정회전, 역회전 원리를 기초로 작업지침서에 따라 전동기 단자에 전원선을 연결할 수 있다.
		3. 전동기 기동원리를 기초로 작업지침서에 따라 전동기 기동장치를 설치 및 기동 운전할 수 있다.
		4. 전동기 운전조건을 활용하여 운전지침에 따라 전동기를 기동하고 정지할 수 있다.
		5. 전동기 정격운전 조건을 기초로 하여 전동기 운전지침에 따라 전동기 운전 값을 계측, 기록, PC에 모니터링할 수 있다.
	5. 전기시설물의 검사 및 점검하기	1. 계측기를 활용하여 지정된 운전정격 값에 따라 운전값(전압, 전류, 역율, 전력 등)을 측정할 수 있다.
		2. 계측된 값을 활용하여 운전 지침에 따라 운전 값을 기록, 저장, 컴퓨터 모니터링을 할 수 있다.
		3. 계측된 값을 활용하여 정상 운전 값에 따라 계측된 값을 비교하여 기록할 수 있다.
		4. 운전지식을 활용하여 운전 지침에 따라 전력시설물을 정지 또는 가동시킬 수 있다.

이 책의
구성과 특징

✓ 기초이론 정리

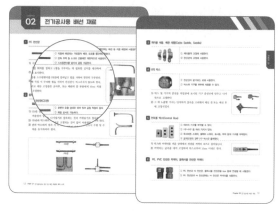

▌ Point 1
전기기능사 실기에 사용되는 공구와 재료 등 익히기

▌ Point 2
전기기능사 실기를 위한 정확한 작업방법 제시 및
기본기능과 원리 설명

✓ 대표 예시문제

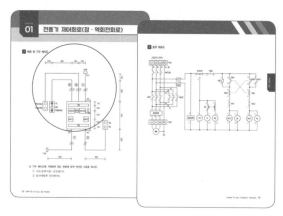

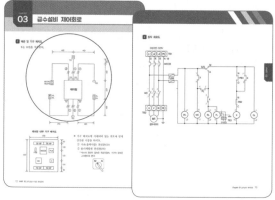

▌ Point 1
실기시험에 출제되는 대표적인 예시문제만 추출

▌ Point 2
배관 및 기구 배치도와 동작 회로도에 모범답안까지
제공

✅ 공개문제(①~⑱)와 모범답안

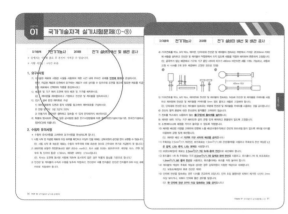

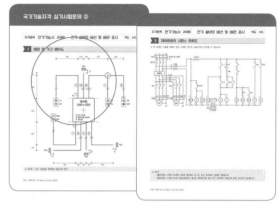

┃ Point 1
공개문제 1번부터 18번까지 실제 공개도면 제공

┃ Point 2
공개문제 모범답안까지 완벽하게 표기

✅ 대표 예시문제와 공개문제 연습도면

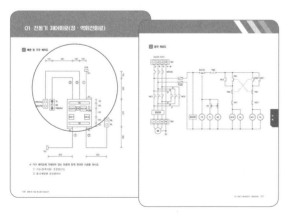

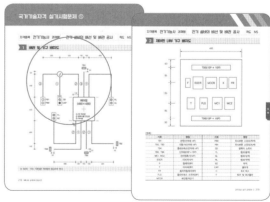

┃ Point 1
대표 예시문제 연습도면을 제공하여 실전 대비

┃ Point 2
공개문제(①~⑱) 연습도면을 제공하여 최종마무리

CONTENTS
목차

Study check 표 활용법

스스로 학습 계획을 세워서 체크하는 과정을 통해 학습자의 학습능률을 향상시키기 위해 구성하였습니다.
각 단원의 학습을 완료할 때마다 날짜를 기입하고 체크하여, 자신만의 3회독 플래너를 완성시켜보세요.

01

전기설비공사 공구 및
배선 재료와 제어 소자

전기기능사 실기시험에 필요한 공구

전기기능사 실기시험을 준비하기 위하여 다음 공구가 요구된다.

펜치		굵은 전선의 절단, 전선의 접속, 전선의 바인드 등에 사용한다.
롱노즈		단자고리 만들기, 작은 부품이나 너트를 조이는 데 사용한다.
십자 드라이버와 일자 드라이버 (필수)		배선기구에 전선을 접속할 때, 나사못을 박을 때 사용한다.
전동 드릴 (필수)		① 배관 작업 시 나사못을 박을 때 사용하면 쉽고 빠르게 작업할 수 있다. ② 배터리는 반드시 2개를 구비한다.
스프링 벤더 (필수)		① PE 전선관 배관 시 구부릴 곳에 스프링을 넣고 구부림 작업을 하면 관의 모양을 예쁘게 가공할 수 있다. ② 사용 규격은 16mm에 길이는 1m 정도가 적당하며 필요에 따라 끝에 전선을 연결해 사용한다.
50cm 자 (필수)		① 길이를 재는 데 사용한다. ② 벽판 제도 시 필요하다. ③ 시험을 볼 경우 50cm 자가 가장 효과적이다.

벨 시험기(테스터) **(필수)**		① 회로 시험 시 사용된다. ② 배선 작업 이후 결선이 올바른지 확인하는 작업에 필수적으로 사용된다.
와이어 스트리퍼 **(필수)**		① 절연 전선의 피복을 벗기는 데 사용한다. ② 전선의 커팅과 피복을 동시에 벗길 수 있어 작업 능률이 높다. ③ 제어판 작업 시 꼭 갖추어야 하는 공구이다.
공구 박스		시험에 필요한 여러 가지 공구 및 기타재료를 담아 보관한다.
파이프 커터기 **(필수)**		배관 작업에 따른 PE관과 CD관 절단 시 사용된다.

1 PE 전선관

	① 지중에 매설되는 가로등의 배관, 도로를 횡단하는 배관 등 지중 배관에 사용된다.
	② 단독 주택 등 소규모 건물에만 제한적으로 사용된다.
	③ 스프링벤더를 넣어서 굽힘 가공한다.

1) 구부릴 위치를 정하고 L형을 구부리는 데 필요한 길이를 계산하여 관에 표시한다.
2) 가공용 스프링벤더를 PE관에 집어넣고 힘을 가하여 천천히 구부린다. 이때 작업 시 무리한 힘을 가하여 전선관이 찌그러지지 않도록 한다.
3) 그리고 새들 고정점은 굴곡부, 또는 배관의 끝 부분에서 10cm 지점에 고정한다.

2 플렉시블 전선관(CD관)

	① 표면이 요철 상태로 되어 있어 굽힘 작업이 쉽다.
	② 매입 공사도 가능하다.

1) CD관 상호접속에는 나사넣기로 접속하는 것과 끼워넣기로 접속하는 커플링이 있으나 끼워넣기로 고정되는 것이 많이 사용된다.
2) CD관과 박스와의 접속 시 CD전선관 전용의 커넥터를 사용하여야 한다.
3) 관과 박스와의 접속 시 커넥터에 삽입된 전선관은 반드시 수평 및 수직을 유지하여야 한다.

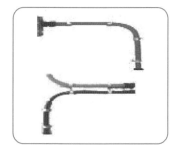

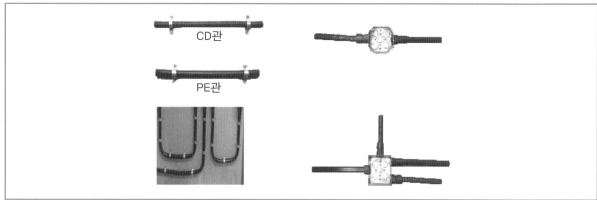

CD관

PE관

3 케이블 새들, 배관 새들(Cable Saddle, Saddle)

① 케이블의 고정에 사용한다.
② 전선관의 고정에 사용한다.

4 8각 박스

① 전선관이 분기되는 곳에 사용한다.
② 박스에 기구를 취부해 사용할 수 있다.

1) 박스 및 기구의 중심을 작업판에 표시된 기구 중심선에 맞추고 나사 못으로 고정한다.
2) 그 외 노출형 기구는 단자와의 접속을 고려해서 배선 전 또는 배선 후 에 고정시킨다.

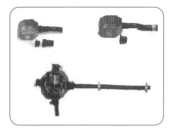

5 컨트롤 박스(Control Box)

① $\phi 25$의 기구를 부착할 수 있다.
② 1구~5구 등 여러 가지가 있다.
③ 푸시버튼 스위치, 셀렉터 스위치, 표시등, 부저 등의 기구를 부착한다.
④ 공개도면의 경우 2구 박스만 출제된다.

1) 박스와 커넥터를 끼운 상태에서 전선을 커넥터 속으로 집어넣는다.
2) 커넥터는 굴곡을 내어 고정하며 박스로부터 10cm 이내로 한다.

6 PE, PVC 전선관 커넥터, 플렉시블 전선관 커넥터

① PE 전선과 Hi 전선관, 플렉시블 전선관을 box 등에 연결할 때 사용한다.
② PE 전선관과 Hi 전선관에는 Hi 전선관 커넥터를 사용한다.

7 단자대

① 제어함에서 전선의 인입과 인출이 되는 곳에 사용한다.

② 전원의 인입, 부하의 인출 등에 사용한다.

③ 공개도면의 경우 4핀과 10핀 단자대가 출제되고 있다.

1) 단자대는 콘트롤반과 조작반의 연결 등에 사용하는 것으로서 접속하는 방법에는 압착단자에 의한 방법, 링고리에 의한 방법, 누름판 압착방법 등이 있다.

2) 단자대는 배선수와 정격전류를 감안하여 정격값의 것을 사용하여야 한다.

3) 단자대는 조립식과 고정식 등이 있다.

8 케이블 타이(Cable Tie)

① 전선을 정리하여 묶어 주는 재료이다.

② 주로 100mm를 사용한다.

③ 묶은 머리는 일정한 모양이 되도록 한다.

④ 전선의 흐트러짐과 늘어짐을 방지한다.

⑤ 배선 작업 완료 후 적당한 부분에 묶어주게 된다.

9 8핀 소켓, 11핀 소켓, 14핀 소켓

1) 릴레이, 타이머, 플리커 릴레이, 온도계전기 등을 꽂아 사용한다.

2) 8핀(2a2b), 11핀(3a3b), 14핀(4a4b) 릴레이 등을 사용한다.

3) 사용하는 계전기에 따라 릴레이 소켓, 타이머 소켓 등으로 불린다.

4) 현재 공개도면의 경우 8핀 소켓만 출제되고 있다.

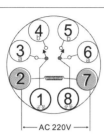

[8핀 릴레이]

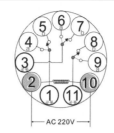

[11핀 릴레이]

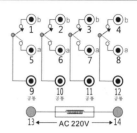

[14핀 릴레이]

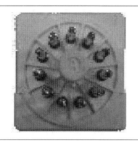

10 12핀 소켓

① 전자접촉기(MC), EOCR 등의 계전기를 꽂아 사용한다.

② 계전기의 접점 번호를 확인하고 배선한다.

11 퓨즈 홀더(fuse holder)

제어회로에 퓨즈를 삽입하여 회로를 보호한다.

PART 01

시퀀스 제어(Sequence Control) 용어 설명

1) ON과 OFF : 스위치에 따라 동작의 형태가 달라짐
2) 점등 : 전기를 공급하여 전구에 빛이 나오게 하는 것
3) 소등 : 전기를 끊어 전구에서 빛이 꺼지는 것
4) 점멸 : 전구가 켜지고 꺼지는 동작을 반복하는 것
5) 여자 : 릴레이 코일에 전류가 흘러 전자석이 되는 것
6) 소자 : 릴레이 코일에 전류가 차단되어 전자석의 성질을 잃게 되는 것
7) 동작 : 어떤 신호를 주면 정해진 작동을 하는 것
8) 복귀 : 동작 이전의 상태로 되돌아가는 것
9) 순시 : 코일이나 동작회로에 전기가 들어오면 바로 동작하는 것
10) 한시 : 동작 회로에 전기가 들어오면 일정한 시간이 지난 후 동작하는 것
11) 촌동(인칭) : 푸시버튼을 누르는 동안에만 동작하는 것
12) 시동 : 정지 상태의 전동기 등을 운전 상태로 만드는 것
13) 정지 : 전동기 등의 부하가 멈추는 것
14) 경보 : 고장의 원인으로 주의를 요구하기 위해 신호를 발생시키는 것
15) 배선 : 정해진 방법에 따라 전선을 배치하는 것
16) 결선 : 기구와 기구를 서로 전선으로 연결하는 것
17) 입선 : 전선관에 전선을 집어넣는 것
18) 접속 : 전선과 전선을 서로 연결하여 전기를 통하게 하는 것
19) 트립 : 고장으로 회로를 차단하는 것
20) 시퀀스도(동작 회로도) : 기기, 기구의 동작 및 기능을 전개하여 표시한 도면

동작 \ 종류	푸시버튼		유지형 스위치 (셀렉터/텀블러)
	a 접점	b 접점	
ON	누르면 접점이 붙는 상태	누르면 접점이 떨어지는 상태	켜진 상태 유지
OFF	떼면 되돌아가 떨어지는 상태	떼면 되돌아가 붙는 상태	꺼진 상태 유지

1 **접점의 표시법**

접점이란 회로가 연결되거나(ON) 떨어지는(OFF) 동작을 하는 것으로 a 접점, b 접점, c 접점이 있으며 보통 접점수를 앞에 붙여 2a, 2b, 2c 등으로 표시하고 기호는 소문자를 사용한다.

1) a 접점(arbeit contact : 약자로 a)

　(1) a 접점의 원리(도면에서는 오른쪽, 위쪽으로 표시한다.)

　　a 접점이란 스위치를 조작하기 전에는 열려 있다가 조작하면 닫히는 접점으로서 하는 접점 또는 메이크 접점, 상시개로 접점이라고 한다. 평상시에 열려 있다가 힘을 가하면 닫히는 접점으로 동작부를 오른쪽 또는 위쪽에 그린다.

세로 그리기	가로 그리기

　(2) a 접점의 동작 원리 및 기호

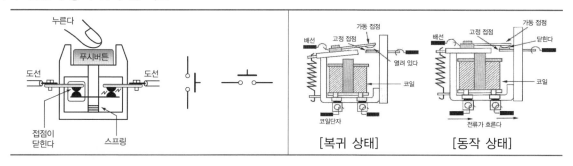

2) b 접점(break contact : 약자로 b)

　(1) b 접점의 원리(도면에서는 왼쪽, 아래쪽으로 표시한다.)

　　b 접점이란 스위치를 조작하기 전에는 닫혀 있다가 조작하면 열리는 접점으로서 열린 접점, 또는 브레이크 접점, 상시폐로 접점이라고 한다. 평상시에 닫혀 있다가 힘을 가하면 열리는 접점으로 동작부를 왼쪽 또는 아래쪽에 그린다.

세로 그리기	가로 그리기

(2) b 접점의 동작 원리 및 기호

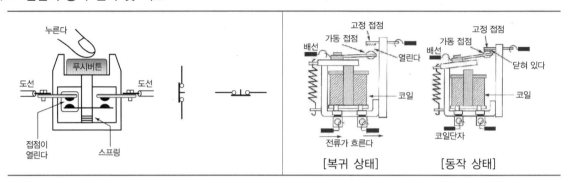

3) c 접점(change over contact : 약자로 c)

(1) c 접점의 원리

절환접점이라는 뜻으로서 고정 a 접점이 b 접점을 공유하고 있으며 조작 전에는 b 접점에 가동부가 접촉되어 있다가 누르면 a 접점으로 절환되는 접점을 말하고 트랜스퍼 접점이라고도 한다. 한쪽의 가동 접점부를 공유하는 접점을 말하며 필요에 따라 a 접점 또는 b 접점을 선택하여 사용한다.

세로 그리기	가로 그리기

(2) c 접점의 동작 원리 및 기호

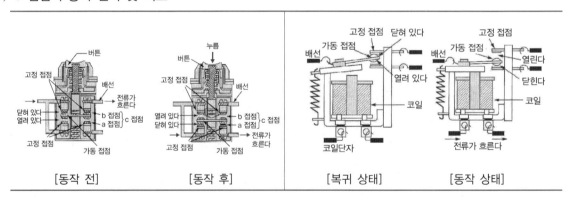

4) 접점의 기호

항목		a 접점		b 접점		c 접점	
		횡서	종서	횡서	종서	횡서	종서
수동조작 접점	수동 복귀						
	자동 복귀						
릴레이 접점	수동 복귀						
	자동 복귀						
타이머 접점	한시 동작						
	한시 복귀						
기계적 접점							

2 푸시버튼 스위치(Push Button Switch : 약자로 PB 또는 PBS)

누름 버튼 스위치로서 현재 공개 도면은 PB로만 표시한다.

1) 푸시버튼 스위치의 외관 및 단자 구조

푸시버튼 스위치는 버튼을 누르는 것에 의하여 접점 기구부가 개폐하는 동작에 의하여 전기회로를 개로 또는 폐로하는데, 손을 떼면 스프링의 힘에 의해 자동으로 원래의 상태로 되돌아온다.

외관	접점 기호	단자 구조
	a 접점 b 접점	NC(Normal Close) : b 접점 NO(Normal Open) : a 접점

2) 푸시버튼 스위치의 동작(수동조작 자동복귀 접점)

(1) 버튼을 누르면 접점이 열리거나 닫히는 동작을 한다(수동조작).

(2) 손을 떼면 스프링의 힘에 의해 자동으로 복귀한다(자동복귀).

(3) 기동(ON)은 녹색을, 정지(OFF)는 적색을 사용한다.

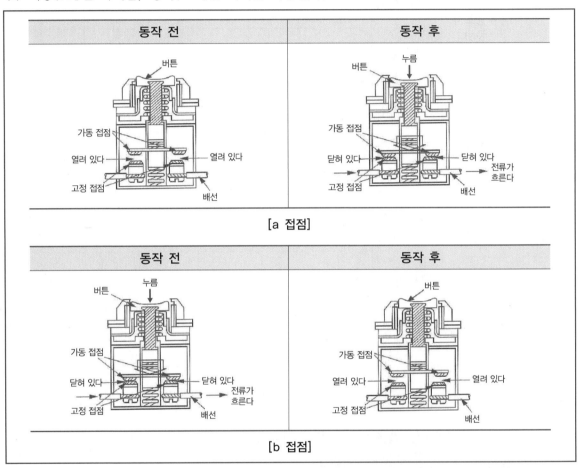

▲ 푸시버튼 스위치의 a, b 접점 동작 원리

3 셀렉터 스위치(Selector Switch : 선택 스위치)

1) 셀렉터 스위치의 외관 및 단자 구조

셀렉터 스위치는 조작을 가하면 반대조작이 있을 때까지 조작 접점을 유지하는 유지형 스위치로서 운전/정지, 자동/수동, 연동/연단 등과 같이 조작방법의 절환스위치로 작용한다.

외관	접점 기호	2단식 스위치 단자 구조
	○─┘ ● b 접점 ○─┐ ○ a 접점	⊕ NC ⊕ ⊕ NO ⊕ NC(Normal Close) : b 접점 NO(Normal Open) : a 접점

2) 셀렉터 스위치의 동작

(1) 셀렉터 스위치는 1단, 2단, 3단 등 여러 종류가 있으며 용도에 맞게 사용한다.

(2) 회로에 표기된 기호를 확인하여 a 접점, b 접점을 연결한다.

(3) 셀렉터 스위치의 조작 방법 및 올바른 위치

2단식 셀렉터 스위치	3단식 셀렉터 스위치
손잡이를 오른쪽으로 돌리면 동작한다.	손잡이를 왼쪽이나 오른쪽으로 돌린다.

4 리밋 스위치(Limit Switch : 기계적 접점)

1) 리밋 스위치의 외관 및 단자 구조

리밋 스위치는 제어대상의 위치 및 동작의 상태 또는 변화를 검출하는 스위치로서 공작기계 등 모든 산업현장에서 검출용 스위치로 많이 사용되고 있다.

외관	접점 기호	리밋 스위치 단자 구조
	○──○ a 접점 ●──● b 접점	⊕ NC ⊕ ⊕ NO ⊕ NC(Normal Close) : b 접점 NO(Normal Open) : a 접점

2) 리밋 스위치의 동작

(1) 리밋 스위치는 접촉자에 움직이는 물체가 닿으면 접점이 개폐되는 동작을 한다.

(2) 시험에서는 리밋 스위치 대신에 단자대를 사용해 작업한다.

(3) 리밋 스위치의 종류

표준로울러레버형	조절로울러레버형	양레버걸림형	조절로드레버형	코일스프링형

5 파일럿 램프(Pilot Lamp : 표시등)

1) 파일럿 램프의 외관 및 단자 구조

외관	접점 기호	파일럿 램프의 단자 구조
	PL WL : 전원 RL : 운전 GL : 정지 OL : 경보 YL : 고장	L1 L2 ⊕ ⊕ L2 단자는 회로의 공통선에 연결하여 사용한다.

2) 파일럿 램프의 색상 표시

주로 다음과 같은 형태로 사용된다.

(1) **전원표시등** : WL(White Lamp : 백색) – 제어반 최상부의 중앙에 설치한다.

(2) **운전표시등** : RL(Red Lamp : 적색) – 운전 중임을 표시한다.

(3) **정지표시등** : GL(Green Lamp : 녹색) – 정지 중임을 나타낸다.

(4) **경보표시등** : OL(Orange Lamp : 오렌지색) – 경보를 표시하는 데 사용한다.

(5) **고장표시등** : YL(Yellow Lamp : 황색) – 시스템이 고장임을 나타낸다.

6 부저(Buzzer)

외관	접점 기호	부저의 단자 구조
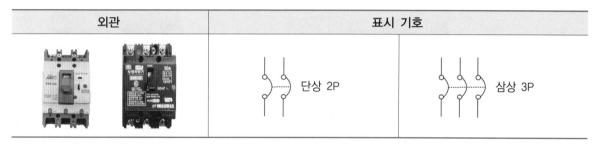	BZ	노출형, 매입형이 있다.

7 배선용 차단기(MCCB)

1) 차단기의 외관 및 접점 표시

외관	표시 기호
	단상 2P 삼상 3P

2) 배선용 차단기란 개폐기구 트립장치 등을 절연물 용기 속에 일체로 조립한 기구로서 부하의 전류를 개폐하는 전원스위치로 사용되는 것 외에 과전류 및 단락 시에는 열동트립기구(또는 전자트립기구)가 동작하여 자동적으로 회로를 차단한다.

3) 배선용 차단기는 회로에 과전류가 흐를 때 전로를 차단하여 전선을 보호한다.

8 전자계전기(Relay : 릴레이)

1) 전자계전기

전자계전기는 전자코일에 전류가 흐르면 자석이 되고 그 전자력에 의해 접점을 개폐하는 기능을 가진 장치를 말하며, 일반적으로 시퀀스 회로, 회로의 분기나 접속, 저압 전원의 투입이나 차단 등에 사용된다. 전자계전기에서 코일에 전류가 흘러 전자력을 갖는 상태를 여자라고 하고, 전류가 흐르지 않아 전자력을 잃어 원래의 위치가 되는 상태를 소자라고 한다. 또한 코일에 공급되는 전압에 따라 직류용과 교류용이 있다. 철심에 감겨진 코일에 전류가 흐르면 전자석이 되어 금속편을 잡아당겨 여기에 연결된 접점을 개폐하는 기능을 갖는 제어장치이다.

(1) 릴레이는 8핀(2a 2b), 11핀(3a 3b), 14핀(4a 4b) 등이 있다.

(2) 릴레이는 소켓에 끼워서 사용하고 배선은 소켓에 한다.

(3) 릴레이의 기호는 R, Ry, X 등으로 표시한다(공개도면의 경우 X로 표시하고 있다).

2) 릴레이 a 접점

계전기의 코일에 전류가 흐르지 않는 상태(복귀 상태)에서는 가동 접점과 고정 접점이 떨어져 개로되어 있고, 계전기의 코일에 전류가 흐르는 상태(동작 상태)에서는 가동 접점이 고정 접점에 접촉하게 되어 폐로된다.

(1) 코일 단자에 전류가 흐르지 않을 때에는 접점이 열려 있다.

(2) 코일 단자에 전류가 흐르면 가동 접점이 이동하여 접점이 닫힌다.

(3) 전류가 끊기면 스프링의 힘에 의해 자동 복귀된다.

(4) 계전기 a 접점 동작 원리

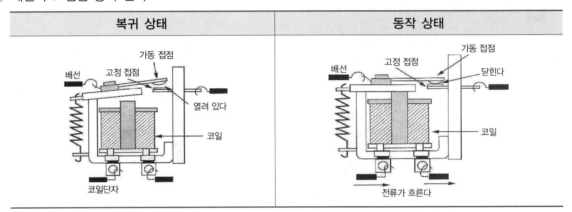

3) 릴레이 b 접점

계전기의 코일에 전류가 흐르지 않는 상태(복귀 상태)에서는 가동 접점이 고정 접점에 접촉하고 있어 폐로되어 있고 계전기의 코일에 전류가 흐르는 상태(동작 상태)에서는 가동 접점과 고정 접점이 떨어져 개로되는 접점을 말한다.

(1) 코일 단자에 전류가 흐르지 않을 때에는 접점이 닫혀 있다.

(2) 코일 단자에 전류가 흐르면 가동 접점이 이동하여 접점이 열린다.

(3) 계전기 b 접점 동작 원리

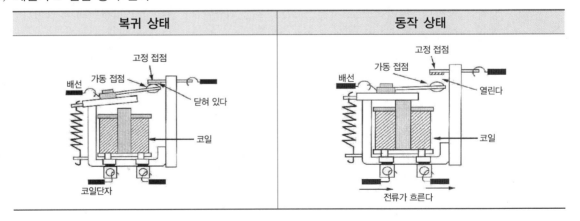

4) 릴레이 c 접점

고정 a 접점과 b 접점 사이에 가동 접점이 있는 구조로 복귀 상태에서는 가동 접점이 상부의 고정 접점에 접촉하여 b 접점이 폐로 상태, 하부 a 접점은 떨어져 개로 상태가 되며 동작 상태에서는 가동 접점이 상부 b 접점의 고정 접점에서 떨어져 개로 상태, 하부 a 접점은 접촉하여 폐로되는 접점을 말한다.

(1) 코일 단자에 전류가 흐르지 않을 때에는 a 접점이 닫혀 있고, b 접점은 열려 있다.

(2) 코일 단자에 전류가 흐르면 가동 접점이 이동하여 a 접점이 닫히고 b 접점은 열린다.

(3) 릴레이는 c 접점의 형태로 되어 있으며 필요에 따라 a, b 접점을 선택해 사용한다.

(4) 계전기 c 접점 동작 원리

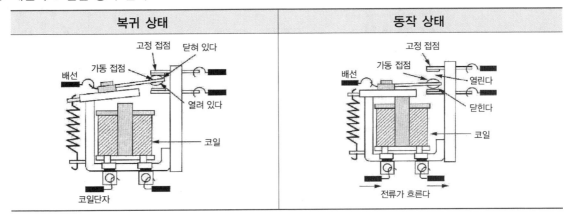

복귀 상태	동작 상태

5) 8핀 릴레이의 내부 구조도

외형	접점의 표시법	내부 구조도
(Bottom View)	a 접점 ① – ③, ⑧ – ⑥ 단자 / b 접점 ① – ④, ⑧ – ⑤ 단자 / Ry X 전원 ② – ⑦ 단자	AC 220V [8핀 릴레이]

6) 11핀 릴레이, 14핀 릴레이

11핀 릴레이는 c 접점이 3개 들어 있고 14핀 릴레이는 c 접점이 4개 들어 있다. 각각 11핀 소켓, 14핀 소켓에 꽂아 사용한다.

외형	접점의 표시법	내부 구조도
	전원단자 : ② - ⑩ a 접점 : ① - ④, ③ - ⑥, ⑪ - ⑨ b 접점 : ① - ⑤, ③ - ⑦, ⑪ - ⑧	 [11핀 릴레이]
	전원단자 : ⑬ - ⑭ a 접점 : ⑨ - ⑤, ⑩ - ⑥ ⑪ - ⑦, ⑫ - ⑧ b 접점 : ⑨ - ①, ⑩ - ② ⑪ - ③, ⑫ - ④	 [14핀 릴레이]

9 플리커 릴레이(Fliker Relay : 점멸기)

1) 플리커 릴레이의 용도

전원이 투입되면 a 접점과 b 접점이 교대로 점멸되어 점멸시간을 사용자가 조절할 수 있고 경보 신호용 및 교대점멸 등에 사용된다.

(1) 경보 및 신호용으로 사용한다.

(2) 전원 투입과 동시에 일정한 시간 간격으로 점멸된다.

(3) 점멸되는 시간을 조절할 수 있다.

2) 플리커 릴레이의 외형 및 구조

외형	접점의 표시법	내부 구조도
	a 접점 ⑧ - ⑥ 단자 b 접점 ⑧ - ⑤ 단자 FR 전원 ② - ⑦ 단자	 [플리커 릴레이]

10 타이머(Timer)

1) 타이머는 전기적 또는 기계적 입력을 부여하면 정해진 시간이 경과한 후에 그 접점이 폐로 또는 개로하는 것을 말한다. 타이머의 종류는 모터식 타이머, 전자식 타이머, 제동식 타이머 등이 있고 타이머의 출력 접점에는 동작 시에 시간 지연이 있는 것과 복귀 시에 시간 지연이 있는 것이 있다.

   (1) **한시동작 순시복귀형** : 입력신호가 들어오고 설정시간이 지난 후 신호 차단 시 접점이 순시 복귀되는 형태

   (2) **순시동작 한시복귀형** : 입력신호가 들어오면 순간적으로 접점이 동작하며 입력신호가 소자하면 접점이 설정시간 후 동작되는 형태

   (3) **한시동작 한시복귀형** : 한시동작 순시복귀형과 순시동작 한시복귀형을 합성한 형태로 동작하는 타이머

2) 타이머의 외형 및 구조(한시동작 순시복귀 접점)

외형	접점의 표시법		내부 구조도
TIMER YSLT UP 30 20 40 10 50 0 60 SEC ON YongSung	한시 접점	a 접점 ⑧ - ⑥ 단자 b 접점 ⑧ - ⑤ 단자	④ ⑤ ③ ⑥ ② ⑦ ① ⑧
	순시 접점	① - ③ 단자	AC 220V
	(T) 전원	② - ⑦ 단자	[타이머]

3) 타이머의 동작 개요

   (1) **a 접점** : 코일이 여자되면서부터 정해진 시간이 경과하면 닫히는 접점(닫힐 때 시간 지연이 있다.)

   (2) **b 접점** : 코일이 여자되면서부터 정해진 시간이 경과하면 열리는 접점(열릴 때 시간 지연이 있다.)

   (3) 한시동작 순시복귀 타이머의 동작도

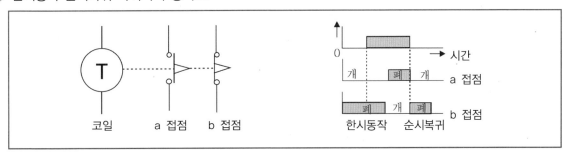

11 플로트레스 스위치(Floatless Level Switch)

전극봉 등과 연결하여 사용되는 것으로서 전극봉의 신호를 받아 펌프를 기동 또는 정지하는 역할을 한다.

외형	접점의 표시법	내부 구조도
	a 접점 ④ – ③ 단자 b 접점 ④ – ② 단자 전원 : ⑤ – ⑥ 단자 (FLS)	

12 온도 계전기(Temperature Relay)

1) 온도가 일정한 값에 도달하였을 때 동작을 검출하는 계전기로서 온도변화에 대하여 전기적 특성이 변화하는 소자, 즉 서미스터, 백금 등의 저항이 변화하거나 열기전력을 일으키는 열전쌍 등을 측온체에 이용하여 그 변화에서 미리 설정된 온도를 검출하는 계전기이다. 종류로서는 무지시형, 메타지형, 디지털형 등이 있다. 베이스에 끼워 사용하기도 하며 8핀, 10핀, 18핀 등이 있다.
   (1) ① ~ ②번 단자에 열전쌍을 연결한다.
   (2) 다이얼을 돌려 원하는 온도에 맞춘다. 전원을 연결하고 열전쌍에 열을 가하여 온도를 높인다.
   (3) 현재 온도가 설정온도 이하이면 a 접점이 동작되며 ON 램프가 점등된다(청색).
   (4) 현재 온도가 설정온도 이상이면 b 접점이 동작되어 OFF 램프가 점등된다(적색).

2) 온도 계전기의 외형 및 구조

외형	접점의 표시법	내부 구조도
	a 접점 ④ – ⑤ 단자 b 접점 ④ – ⑥ 단자 열전쌍을 ① – ② 단자에 연결 +는 적색, –는 청색 연결 (TC) 전원 ⑦ – ⑧ 단자	

13 전자접촉기(MC, PR 릴레이)

1) 전자접촉기란 전자석의 동작에 의하여 부하 회로를 빈번하게 개폐하는 접촉기를 말하며 일명 플런 저형 전자계전기라고 한다. 접점에는 주접점과 보조접점이 있으며 주접점은 전동기를 기동하는 접 점으로 접점의 용량이 크고 a 접점으로만 구성되어 있다. 보조접점은 보조계전기와 같이 작은 전류 및 제어회로에 사용하며 a 접점과 b 접점으로 구성되어 있다.

   (1) 전자 코일에 전류가 흐를 때만 동작하고 전류를 끊으면 스프링의 힘에 의해 원래의 상태로 되돌아 간다.

   (2) 250V, 10A 이상의 부하의 개폐에 사용한다.

   (3) 12핀(4a1b), 20핀(5a2b) 소켓에 꽂아 배선을 편하게 할 수 있는 접촉기도 있다(용량이 10A 이하 이며 주로 학습 시 실습용으로 사용한다).

2) 전자접촉기의 외형

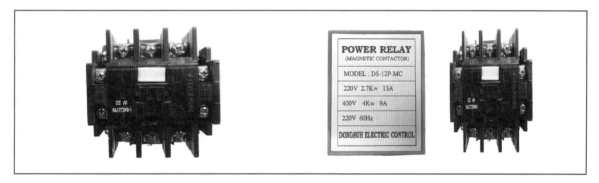

3) 전자접촉기의 접점과 회로구성

   (1) **전자 코일** : 전원으로 표시한 부분으로 이 단자에 전류를 흘려 주면 전자석이 되어 접점이 동작한 다. MC 또는 PR로 표시한다(공개도면은 MC로 표시한다).

   (2) **주접점** : 전동기 등 대전력을 소비하는 회로를 말한다.

   (3) **보조접점** : 작은 전류 용량의 접점으로 주회로의 개폐조작에 필요한 것으로 조작회로 또는 보조회 로를 구성한다.

전자 코일(전원)	주접점	보조접점
⊙PR ⊙MC		

12핀 PR의 접점구성

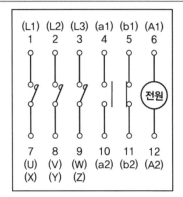

접점수 : 4a1b
전원 : ⑥－⑫
주접점 : ①－⑦, ②－⑧, ③－⑨
보조접점 : ④－⑩, ⑤－⑪

[전자접촉기]

※ 전자 개폐기의 접점 번호는 도면마다 다를 수 있으므로 반드시 확인하고 작업해야 한다.

14 전자식 과전류 계전기(EOCR, EOL)

전자식 과전류 계전기는 열동식 과전류 계전기에 비해 동작이 확실하고 과전류에 의한 결상 및 단상 운전이 완벽하게 방지되며 전류조정 노브와 램프에 의해 실제 부하 전류의 확인과 전류의 정밀조절이 가능하고 지연시간과 동작시간이 서로 독립되어 있으므로 시간의 선택에 따라 완벽한 보호가 가능하다.

1) 전동기 회로에 과전류가 흘렀을 때 회로를 보호하는 역할을 한다.
2) 전자 개폐기 기능을 하며 12핀 베이스에 꽂아 편리하게 사용한다.
3) 주 회로는 ①, ②, ③ － ⑦, ⑧, ⑨ 단자에 연결한다.
4) 외형 및 구조도

외형	접점의 표시법	내부 구조도
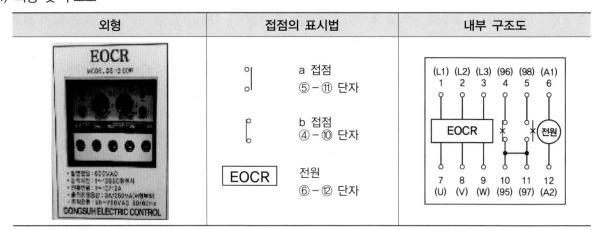		

기구류의 표시 방법

외형	단자 구조	설명
	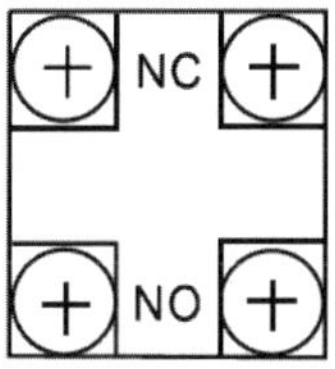 + NC + + NO + b 접점 : N – C 단자 a 접점 : N – O 단자	누름 버튼 스위치, 셀렉터 스위치, 리밋 스위치 등은 원래 규정된 접점 번호는 없다. 본 교재에서는 회로 구성을 쉽게 하기 위해 스위치에 접점 번호를 붙여서 사용하였으며, 왼쪽의 그림과 같이 NC는 b 접점으로, NO는 a 접점으로 명명했다.
	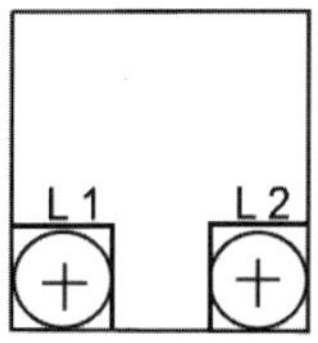 L1 L2 + +	표시등의 두 단자를 각각 L1, L2라 하고 L2를 공통 단자에 연결한다.

1 누름 버튼 스위치(Push Button Switch)

1) 누름 버튼 스위치 – 회로도

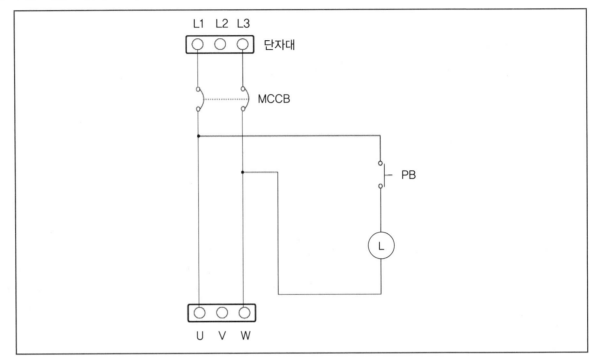

(1) 누름 버튼 스위치(PB, PBS)

기호	외관	단자	비고
a 접점 b 접점		NC NO	NC : b 접점 NO : a 접점

(2) 표시등

기호	외관	단자	비고
L		L1 L2	L2를 공통 단자로 사용한다.

2) 누름 버튼 스위치 - 실제 결선도

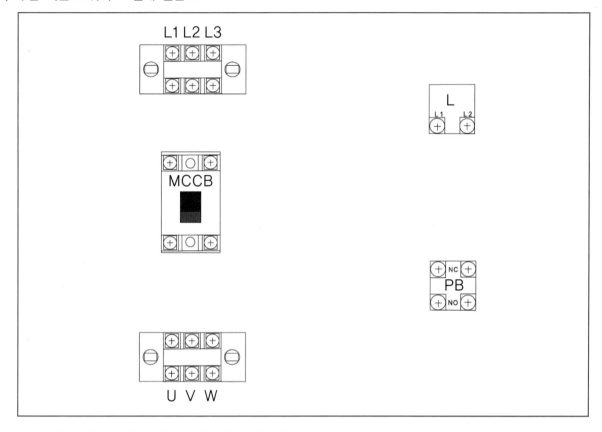

(1) 왼쪽의 회로도에 접점 번호를 적어 넣는다.

(2) 주회로를 배선한다. 색상을 구분할 필요가 있을 때에는 L1상은 갈색, L3상은 회색을 사용한다. 전원이 인입되는 L1, L3단자대에서 시작해 MCCB로 배선하고 MCCB에서 단자대의 U, W 단자로 배선한다.

(3) 제어회로 배선을 한다.

(4) 누름 버튼 스위치는 번호를 잘 확인하고 접속해야 한다. a 접점은 NO 단자, b 접점은 NC 단자에 접속한다.

(5) 표시등의 L1, L2 단자는 극성이 없으므로 필요에 따라 편리한 단자를 이용하면 된다.

(6) 배선이 끝날 회로는 적색 펜 등을 사용해 배선을 끝낼 표시(덧칠)를 해 놓으면 편리하다. 특히 복잡한 도면에서는 반드시 필요한 작업이다(누락된 회로를 찾기 쉽다).

2 누름 버튼 스위치의 동작

　　1) 누름 버튼 스위치 - 회로도

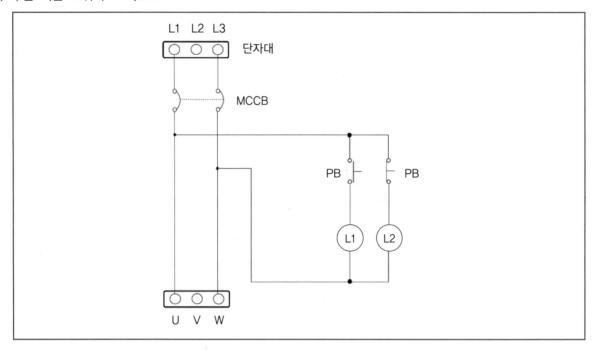

　　2) 누름 버튼 스위치의 동작 - 실제 결선도

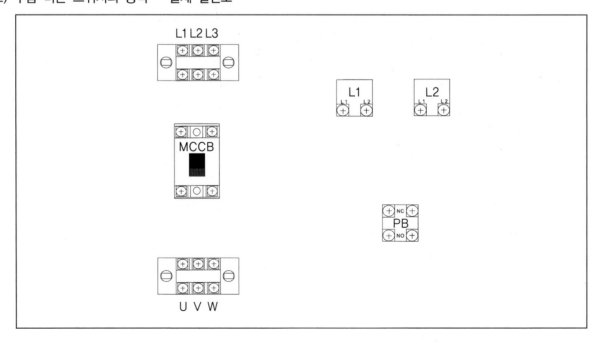

(1) 주회로 배선을 한다. 색상을 구분할 필요가 있을 때에는 L1상은 갈색, L3상은 회색을 사용한다. 전원이 인입되는 L1, L3 단자대에서 시작해 MCCB로 배선하고 MCCB에서 단자대의 U, W 단자로 배선한다.

(2) 제어회로 배선을 한다.

(3) 누름 버튼 스위치는 번호를 잘 확인하고 접속해야 한다. a 접점은 NO 단자, b 접점은 NC 단자에 접속한다.

(4) 표시등 L1, L2의 단자는 극성이 없으므로 필요에 따라 배선이 편리한 단자를 이용하면 된다.

(5) 배선이 끝나면 회로도에 적색 펜을 사용해 배선 표시를 해 놓으면 편리하다. 특히 복잡한 도면에서는 반드시 필요한 작업이다.

3 릴레이 회로

1) 릴레이 회로 – 회로도

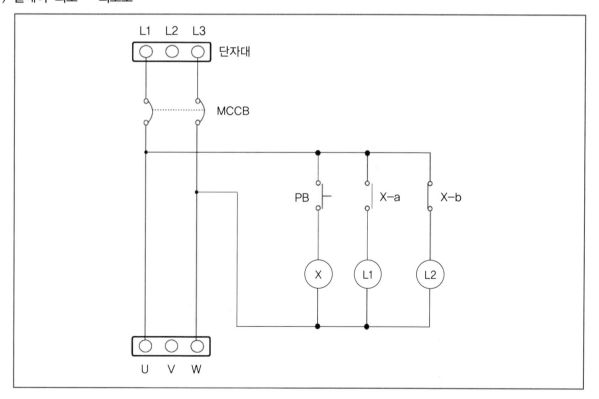

(1) 누름 버튼 스위치, 릴레이의 접점 번호를 확인한 후 번호를 적어 넣는다.

(2) PB의 a 접점은 NO이다.

(3) 릴레이 내부 결선도

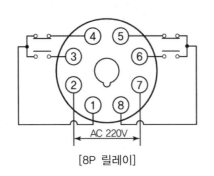

[8P 릴레이]

전원 단자 : ② - ⑦

a 접점 : ① - ③, ⑧ - ⑥
b 접점 : ① - ④, ⑧ - ⑤

릴레이 X에 전원이 공급되면
a 접점은 모두 붙고
b 접점은 떨어지는 동작을 한다.

2) 릴레이 회로 - 실제 결선도

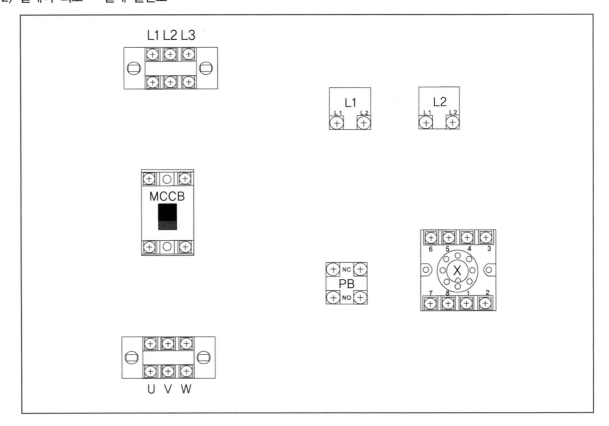

(1) 왼쪽의 회로도에 접점 번호를 적어 넣는다.
(2) 릴레이 전원단자는 ② - ⑦, a 접점은 ⑧ - ⑥, b 접점은 ⑧ - ⑤이다.
(3) 누름 버튼 스위치는 NO이다.

3) 배치도를 이용하여 간이 형태로 간단한 회로를 구현하여 본다.

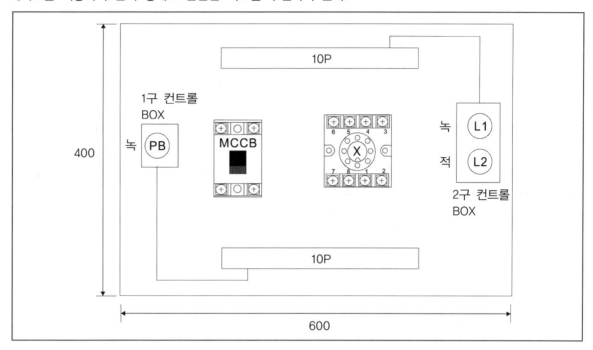

4 자기유지 회로

1) 자기유지 회로 - 회로도

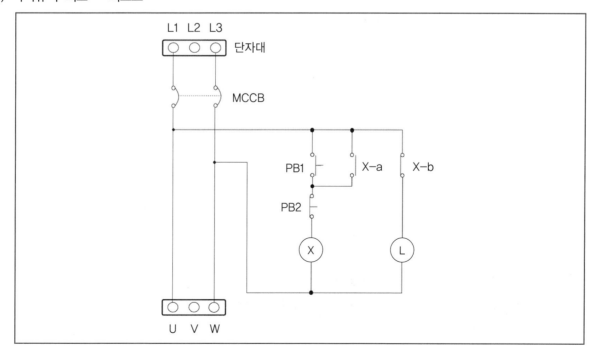

(1) 푸시버튼 스위치 PB1, PB2의 a 접점은 NO, b 접점은 NC 단자를 사용한다.

(2) 8핀 릴레이 내부 결선도

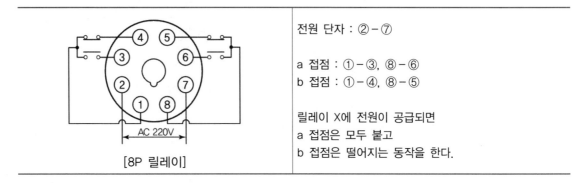

전원 단자 : ②-⑦

a 접점 : ①-③, ⑧-⑥
b 접점 : ①-④, ⑧-⑤

릴레이 X에 전원이 공급되면
a 접점은 모두 붙고
b 접점은 떨어지는 동작을 한다.

[8P 릴레이]

2) 자기유지 회로 - 실제 배선도

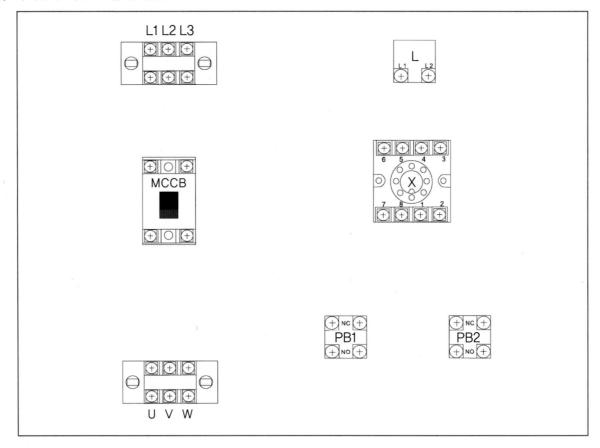

(1) 왼쪽의 회로도에 접점 번호를 적어 넣는다.

(2) 누름 버튼 스위치 PB1은 NO 단자이고 PB2는 NC 단자이다.

(3) 릴레이 X의 전원단자는 ②-⑦, a 접점은 ①-③, b 접점은 ⑧-⑤이다.

5 타이머 회로

1) 타이머 회로 - 회로도

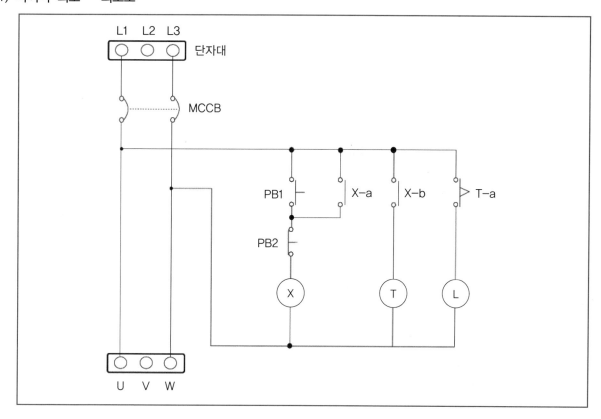

(1) PB1의 a 접점은 NO, PB2의 b 접점은 NC이다.

(2) 릴레이 X의 전원단자는 ② - ⑦, X의 a 접점은 ① - ③, ⑧ - ⑥이다.

(3) 타이머 T의 전원단자는 ② - ⑦, T의 a 접점은 ⑧ - ⑥이다.

(4) 릴레이 내부 결선도와 타이머 내부 결선도

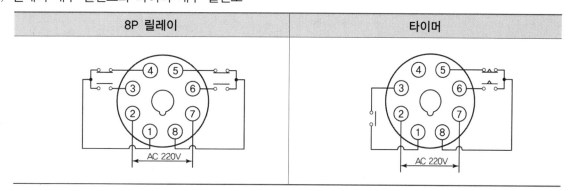

8P 릴레이	타이머

2) 타이머 회로 - 실제 배선도

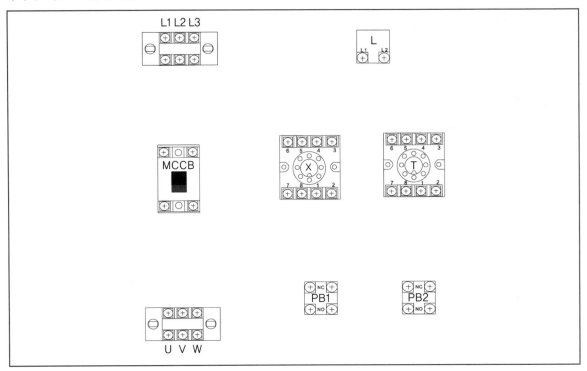

(1) 회로도에 계전기의 접점 번호를 먼저 적어 넣는다.

   릴레이의 전원단자, 릴레이 접점 번호, 타이머의 전원단자, 타이머 접점 번호

(2) 스위치의 접점 번호를 적어 넣는다.

(3) 배관 및 기구 배치도

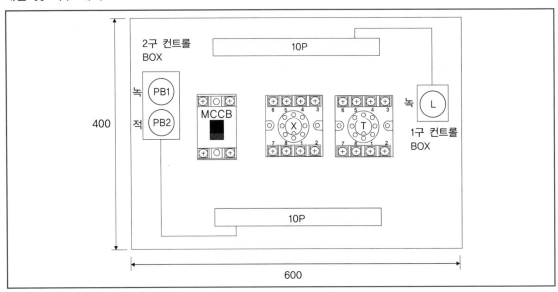

6 인터로크 회로

1) 인터로크 회로 - 회로도

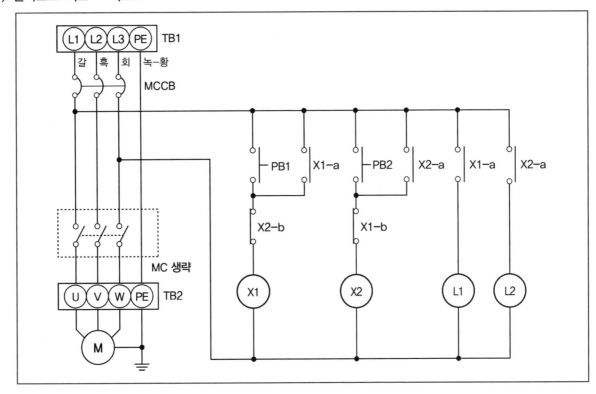

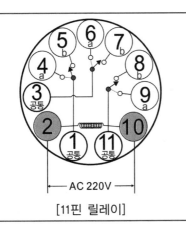

[11핀 릴레이]

전원 단자 : ② - ⑩

a 접점 : ① - ④, ③ - ⑥, ⑪ - ⑨
b 접점 : ① - ⑤, ③ - ⑦, ⑪ - ⑧

2) 인터로크 회로 - 실제 배선도

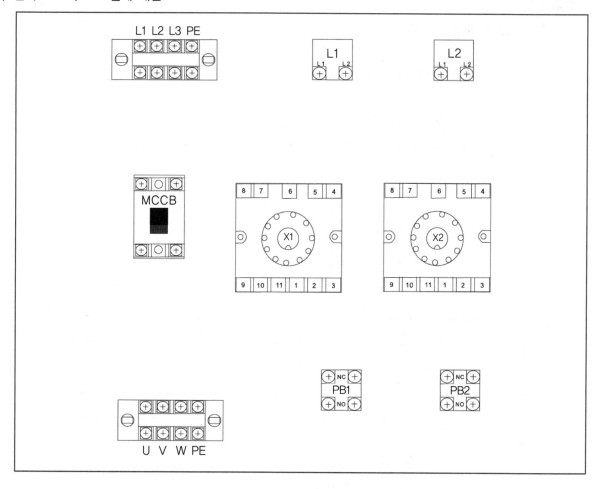

(1) 회로도에 접점 번호를 적어 넣는다.

　① MC의 주접점은 사용하지 않았으므로 회로결선에서 생략한다.

　② 11핀 릴레이의 접점 번호를 잘 확인한다.

(2) 제어회로 배선을 한다. 제어배선은 MCCB의 2차측 단자에서 전선 2가닥을 접속하여 배선하는 것이 바람직하다.

　※ 단자대 2차측(부하측 U, V, W)에서 결선은 잘못된 결선이다.

(3) 색상을 구분할 필요가 있으면 다음과 같이 배선한다.

　L1상 : 갈색, L2상 : 회색, L3상 : 회색, 보호도체 : 녹색-노란색

(4) 주회로는 주로 2.5mm^2 전선을 사용하고, 제어회로는 1.5mm^2 전선을 사용한다.

(5) 표시등은 L2 단자를 아래쪽 공통 단자에 연결한다.

3) 배관 및 기구 배치도(기구 배치도를 보고 기구를 고정시킨다. 외부용 3P 단자는 생략한다.)

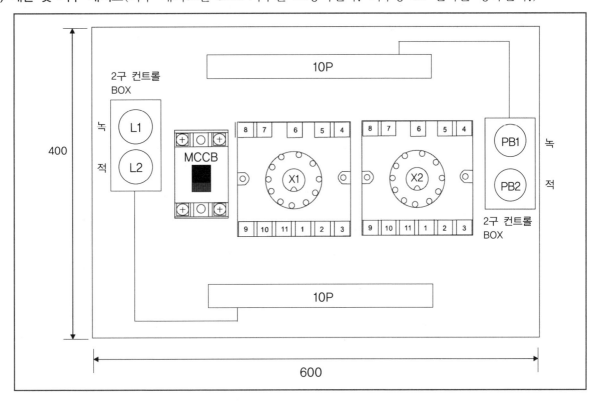

7 후입력 우선회로

1) 후입력 우선회로 - 회로도

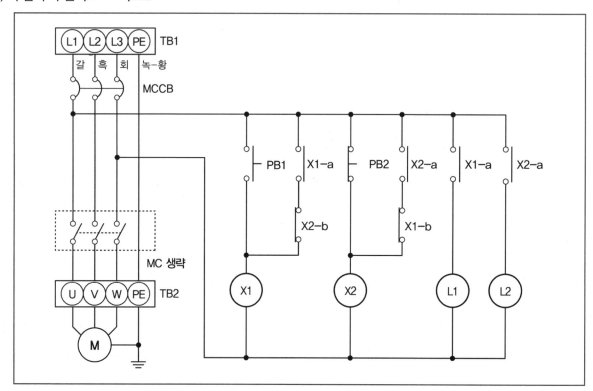

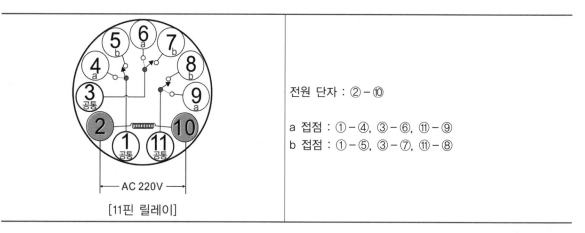

[11핀 릴레이]

전원 단자 : ② - ⑩

a 접점 : ① - ④, ③ - ⑥, ⑪ - ⑨
b 접점 : ① - ⑤, ③ - ⑦, ⑪ - ⑧

2) 후입력 우선회로 – 실제 배선도

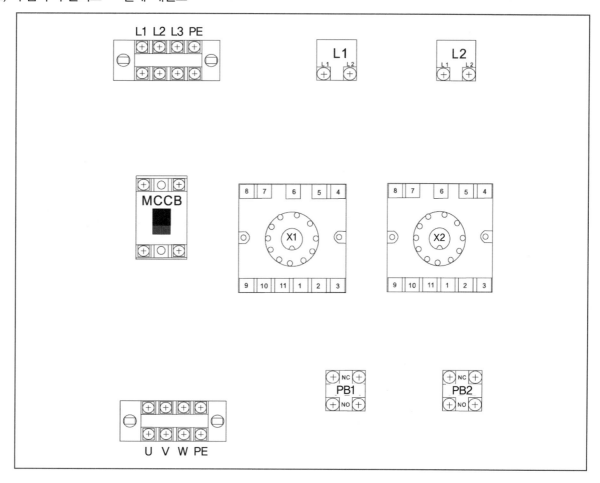

(1) 회로도에 접점 번호를 적어 넣는다.

　① MC의 주접점은 사용하지 않았으므로 회로결선에서 생략한다.

　② 11핀 릴레이의 접점 번호를 잘 확인한다.

(2) 제어회로 배선을 한다. 제어배선은 MCCB의 2차측 단자에서 전선 2가닥을 접속하여 배선하는 것이 바람직하다.

　※ 단자대 2차측(부하측 U, V, W)에서 결선은 잘못된 결선이다.

(3) 색상을 구분할 필요가 있으면 다음과 같이 배선한다.

　L1상 : 갈색, L2상 : 흑색, L3상 : 회색, PE : 녹색–노란색

(4) 주회로는 주로 $2.5mm^2$ 전선을 사용하고, 제어회로는 $1.5mm^2$ 전선을 사용한다.

(5) 표시등은 L2 단자를 아래쪽 공통 단자에 연결한다.

3) 배관 및 기구 배치도(기구 배치도를 보고 기구를 고정시킨다. 외부용 3P 단자는 생략한다.)

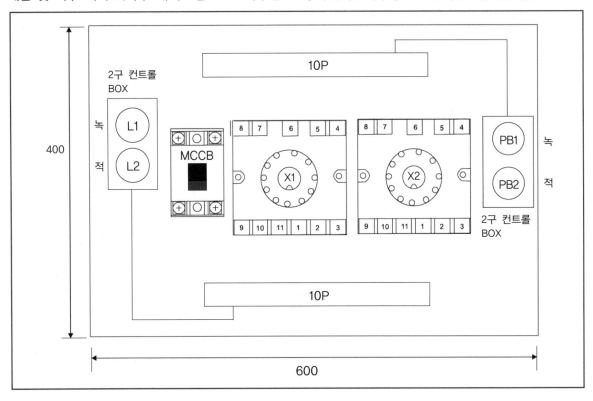

8 전자접촉기(MC) 회로

1) 전자접촉기 회로 - 회로도

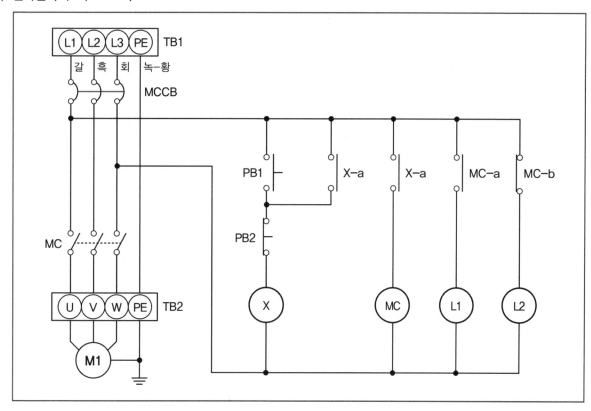

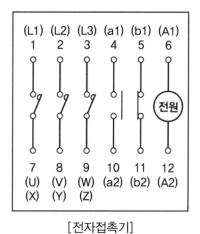

[전자접촉기]

전원 단자 : ⑩ - ⑪

주접점(a 접점) : ① - ⑦, ② - ⑧, ③ - ⑨

보조 a 접점 : ④ - ⑩
보조 b 접점 : ⑨ - ⑪

2) 전자접촉기 회로 - 실제 배선도

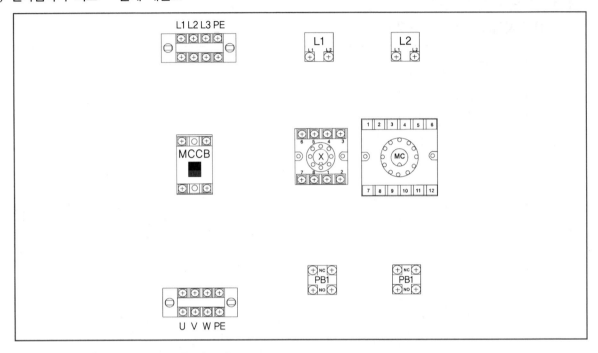

(1) 회로도에 접점번호를 적어 넣는다.

(2) 제어회로 배선을 한다.

(3) 색상을 구분할 필요가 있으면 다음과 같이 배선한다.

　　L1상 : 갈색, L2상 : 흑색, L3상 : 회색, PE(보호도체) : 녹색-노란색

(4) 주회로는 주로 $2.5mm^2$ 전선을 사용하고, 제어회로는 $1.5mm^2$ 전선을 사용한다.

(5) 표시등은 L2 단자를 공통 단자에 연결한다.

3) 배관 및 기구 배치도(기구 배치도를 보고 기구를 고정시킨다.)

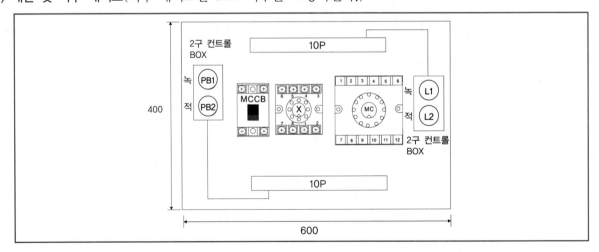

9 과전류 계전기 회로

1) 과전류 계전기 회로 - 회로도

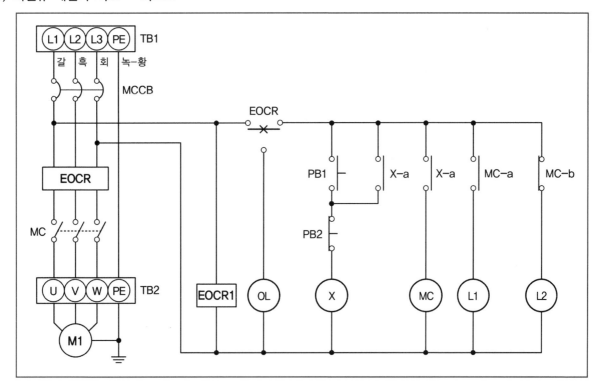

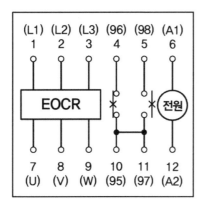

전원 단자 : ⑥ - ⑫

주회로에 과전류가 흘렀을 경우에 접점이 동작한다.

a 접점
⑩ - ⑤

b 접점
⑩ - ④ 단자

2) 과전류 계전기 회로 – 실제 배선도

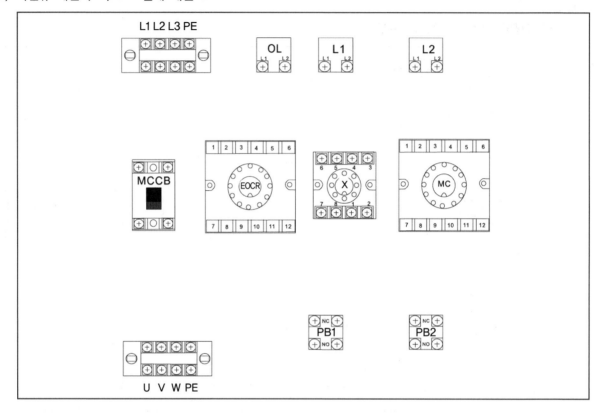

3) 배관 및 기구 배치도(기구 배치도를 보고 기구를 고정시킨다.)

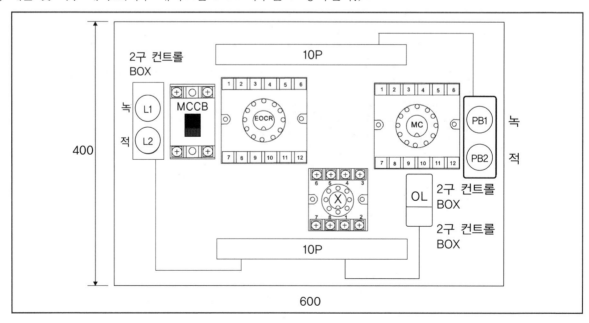

05 배관 및 기구 배치

1 전선관의 가공법

1) PVC 전선관

(1) 표준 길이가 4m이며 안지름의 크기에 가까운 짝수의 mm로 크기를 표시한다.

(2) 관의 호칭(mm)에는 16, 22, 28, 36, 42, 54, 70, 82가 있다.

(3) 일반적인 전기 배관에 가장 많이 사용한다.

2) 금속 전선관

(1) 표준 길이가 3.66m이며 후강 전선관과 박강 전선관이 있다.

(2) 후강 전선관 : 16, 22, 28, 36, 42, 54, 70, 82, 92, 104

(3) 박강 전선관 : 19, 25, 31, 39, 51, 63, 75

3) PE 전선관

(1) 연질 합성수지관으로 1롤의 표준 길이는 30m, 50m, 100m이다.

(2) 가로등의 배관 등 주로 지중 배관에 사용되며 소규모 건물에도 사용된다.

(3) 기술자격 시험에는 주로 PE 전선관을 사용한다.

4) 플렉시블 전선관

(1) 표면이 요철 상태로 되어 있어 굽힘 작업이 쉽고 표준 길이는 30m, 50m, 100m이다.

(2) 천정 내 노출 배관 등 일부에 사용된다.

(3) 현장에서는 주로 Hi-Flex 전선관을 사용한다.

2 전선관의 가공 및 고정

1) PE 전선관과 플렉시블 전선관은 쇠톱을 사용하여 절단한다.

2) 전선관은 새들을 사용하여 정확히 고정시킨다.

3) 각종 기구와의 접속방법

(1) 배관의 끝단이 기구와 연결된 경우

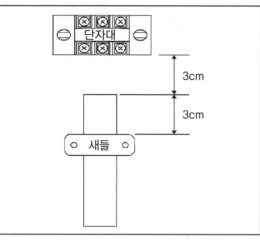

① 전선관의 끝에서 3cm 되는 지점을 새들로 고정한다.

② 단자대는 전선관의 끝단에서 3cm 이상을 띄어서 고정해야 전선 처리가 쉽다.

③ 단자대, 부저 등 노출 기구에 연결할 때 적용된다.

(2) 리셉터클과 연결할 경우

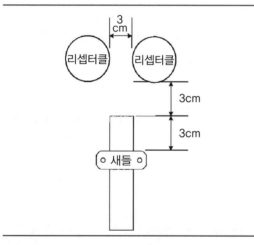

① 전선관의 끝에서 3cm 되는 지점을 새들로 고정한다.

② 리셉터클은 전선관의 끝에서 3cm 되는 지점에 부착한다.

③ 리셉터클 사이는 2cm 정도 띄어서 부착한다.

(3) 배관의 끝단이 4각 박스, 8각 박스, 스위치 박스 등인 경우

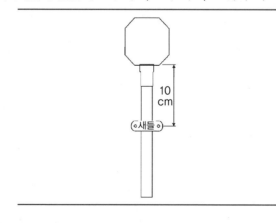

① 각종 박스에 전선관을 접속할 때에는 커넥터를 사용해야 한다.

② 전선관의 끝단에서 10cm 정도 띄어서 고정시킨다.

③ 제어함에 배관할 경우에도 10cm 정도 띄어서 고정시킨다.

(4) 컨트롤 박스와 연결할 경우

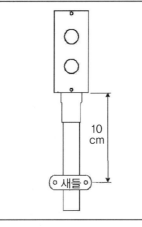

① 컨트롤 박스와 연결되는 곳은 커넥터를 사용하여야 한다.

② 박스의 10cm 지점을 새들로 고정시킨다.

(5) 전선관을 직각 배관하는 경우

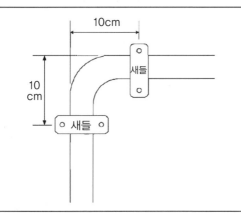

① 직각 배관한 곳은 관의 양쪽 10cm 정도 지점에 새들로 고정한다.

② 합성 수지관을 직각 구부리기할 때에는 곡률반지름을 관 안지름의 6배 이상으로 해야 한다.

(6) 제어함과 연결할 경우

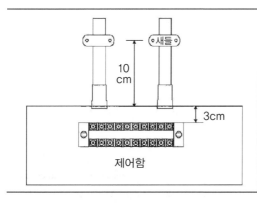

① 전선관 끝에 커넥터를 끼워야 하며 제어함 위로 3cm 정도 올라오게 한다.

② 제어함부터 10cm 지점에 새들로 고정시킨다.

③ 단자대는 도면에 의해 부착하되 특별한 제한이 없으면 3cm 이상 띄어야 배선을 쉽게 할 수 있다.

(7) 기타 직선배관 부분에서는 2m 이내마다 새들로 고정시켜야 하며 PE관의 경우 관이 늘어지지 않도록 적당한 간격으로 고정시켜야 한다.

3 전선의 입선

다음과 같이 배관에 전선을 입선하여 보자.

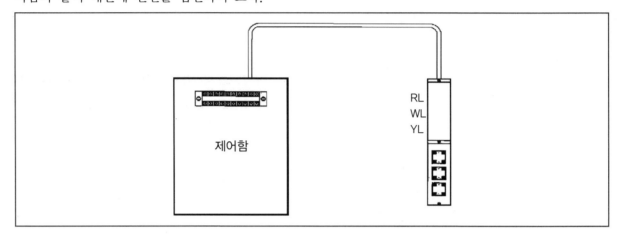

1) 전선의 길이 측정

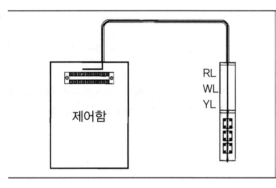

전선 한 가닥을 전선관에 넣어 단자대 및 스위치 부분에서 접속이 충분한 만큼의 길이를 측정하여 자른다.

2) 전선을 빼내어 필요한 가닥수만큼 자름

3) 입선할 전선의 가닥수가 2~3가닥인 경우

4) 입선할 전선의 가닥수가 많을 경우

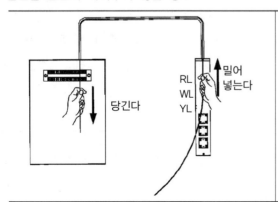

① 여분의 전선 한 가닥의 끝을 구부려 단자대 쪽에서 밀어 넣는다.

② 이 전선에 입선할 전선을 묶는다.

(연결부위 : 테이핑 처리)

③ 왼손으로 전선을 당기면서 오른손으로 전선을 밀어 넣는다.

4 단자의 접속

1) 고리 접속

(1) 단자고리를 만들어 접속하는 방법으로 단선 접속에 적합하다.

(2) 전선 끝의 피복을 벗긴 다음 롱노즈를 사용하여 끝을 둥글게 만든다.

(3) 전선의 끝단이 시계방향으로 향하도록 해야 접속이 정확하게 된다.

(4) 리셉터클 등의 진선 접속에 직합하다.

	보호 피복은 길이 5mm 정도 더 벗긴다.

2) 삽입 접속

(1) 고정판과 누름판 사이에 전선을 넣고 나사를 조여서 접속하는 방법

(2) 단자대, 표시등, 푸시버튼 스위치, 각종 계전기의 단자 접속에 사용된다.

(3) 올바른 접속법

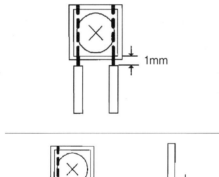	• 단자에 2가닥의 전선이 접속될 경우 ① 적당한 길이로 전선의 피복을 벗긴다. ② 전선을 끝까지 밀어 넣는다. ③ 동선이 누름판 밖으로 1mm 정도 나오게 접속한다. ④ 전선의 피복을 너무 짧게 벗겨 누름판에 피복이 물리면 안 되며, 또 너무 길어도 안 된다. ⑤ 전선의 굵기가 많이 차이 나면 접속이 정확하게 되지 않는다.
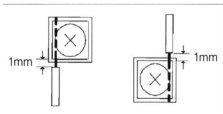	• 단자에 1가닥의 전선이 접속될 경우 ① 단자의 아래에서 전선을 삽입할 경우에는 왼쪽에서, 위쪽에서 삽입될 경우에는 오른쪽에서 끼워야 접속이 확실하게 이루어진다. ② 전선은 조임 나사의 왼쪽에 삽입해야 확실한 접속이 된다.

3) 꽂을 단자 접속

(1) 대각형 스위치, 콘센트 등의 단자 구멍에 직접 꽂아 접속하는 방법이다.

(2) 단선을 사용하며 깊숙이 들어갈 때까지 힘을 주어 꽂는다.

5 배선 방법

배선의 기본은 다음과 같다.

1) 전선은 곧게 펴서 사용한다.

2) 주회로는 각 상별로 색을 구분하여 배선한다. 기타 보조회로도 색상이 지정되어 있으면 반드시 지켜야 한다.

3) 전선의 색상은 3상의 경우 다음과 같이 한다.

    (1) L1상 : 갈색

    (2) L2상 : 흑색

    (3) L3상 : 회색

    (4) 보호도체 : 녹색-노란색

    (5) 제어회로는 단색 전선을 사용한다. 주로 황색 전선을 사용한다.

    (6) 기술자격 시험에서는 색상이 지정되므로 이에 따라서 배선하면 된다.

6 단자대 처리 및 케이블 타이의 사용

1) 단자대의 처리

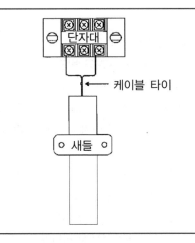

① 단자대는 전선관의 끝에서 3cm 정도에 고정시킨다.

② 전선을 인출했으면 케이블 타이로 묶어준다.

③ 전선을 왼손 엄지손톱에 대고 직각으로 구부린다.

④ 길이를 맞춰 자르고 피복을 벗긴다.

⑤ 나사가 조여지는 폭에 전선을 넣고 드라이버로 단단히 조인다.

2) 기타 단자대의 연결

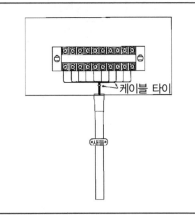

① 제어함의 단자대에 전선을 접속할 경우에는 나사가 조여지는 쪽으로 전선을 삽입한다.

② 커넥터는 제어 패널 위로 약간 올라와야 전선의 압선 또는 단자처리가 쉽다.

③ 케이블 타이를 적절히 사용하여 전선을 정리한다.

④ 하나의 단자에 전선을 2가닥까지만 삽입할 수 있다.

7 전선의 정리

1) 제어함, 컨트롤 박스 등 여러 가닥의 전선이 배선되는 곳에는 케이블 타이 등을 사용하여 전선을 가지런하게 정리해야 한다.

2) 케이블 타이의 길이는 100mm 정도가 알맞다.

3) 제어함과 같이 여러 가닥의 전선이 길게 배선되는 경우는 약 100mm 간격으로 묶어 준다.

4) 직각으로 구부러지는 곳에는 굽힘점의 양쪽으로 같은 거리에 묶어 준다.

5) 컨트롤 박스, 표시등, 단자대의 인입, 인출되는 선은 늘어지지 않도록 적당한 간격으로 묶어 준다.

8 컨트롤 박스 내의 배선

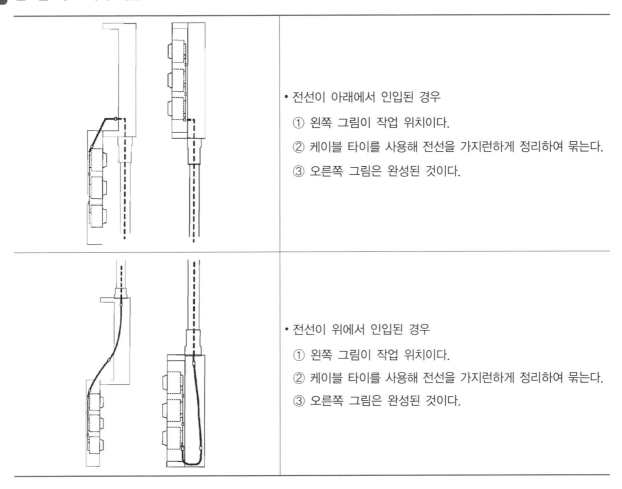

• 전선이 아래에서 인입된 경우
 ① 왼쪽 그림이 작업 위치이다.
 ② 케이블 타이를 사용해 전선을 가지런하게 정리하여 묶는다.
 ③ 오른쪽 그림은 완성된 것이다.

• 전선이 위에서 인입된 경우
 ① 왼쪽 그림이 작업 위치이다.
 ② 케이블 타이를 사용해 전선을 가지런하게 정리하여 묶는다.
 ③ 오른쪽 그림은 완성된 것이다.

1) 굵기가 같은 두 단선의 쥐꼬리 접속

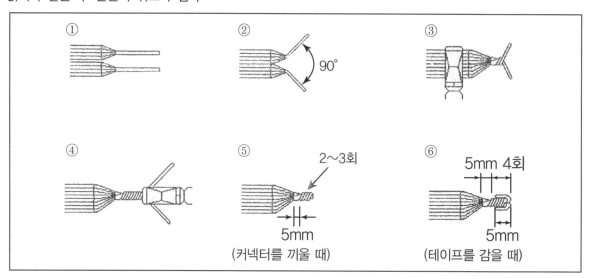

2) 굵기가 같은 세 단선의 쥐꼬리 접속

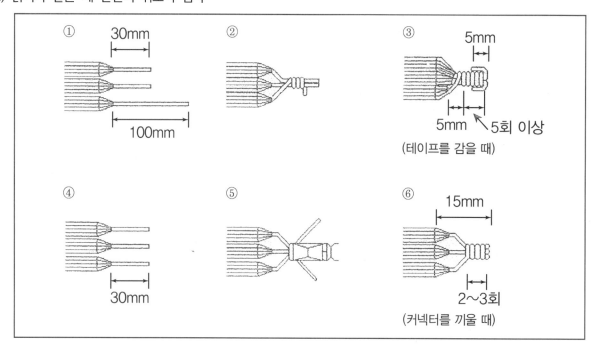

9 배관작업의 실제

※ 전선관 자르는 순서 : 전선관 절단 길이 정하기 → 스프링 넣어 일직선 만들기 → 치수 표시(굽힘점, 절단선) → 절단선에 대고 필요한 길이만큼 절단

도면	배관
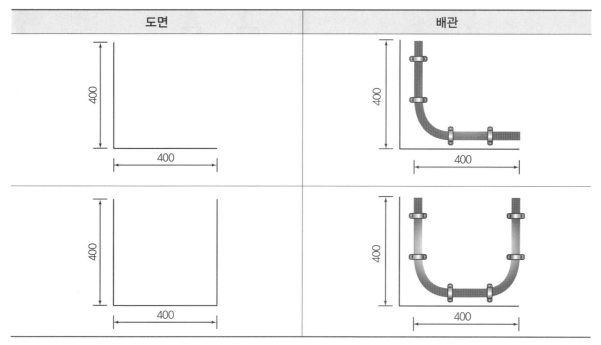	

모양	굽힘에서 줄이는 길이	실제 길이
	80	720mm
ㄱ	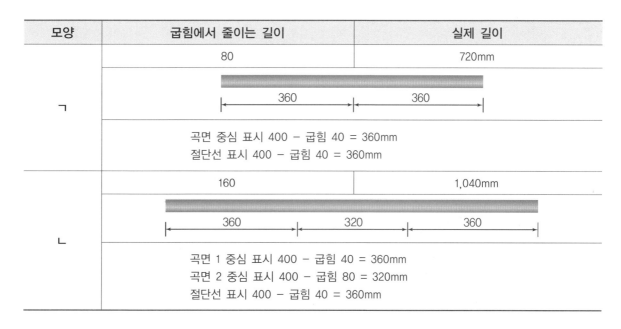 360 / 360	
	곡면 중심 표시 400 − 굽힘 40 = 360mm 절단선 표시 400 − 굽힘 40 = 360mm	
	160	1,040mm
ㄴ	360 / 320 / 360	
	곡면 1 중심 표시 400 − 굽힘 40 = 360mm 곡면 2 중심 표시 400 − 굽힘 80 = 320mm 절단선 표시 400 − 굽힘 40 = 360mm	

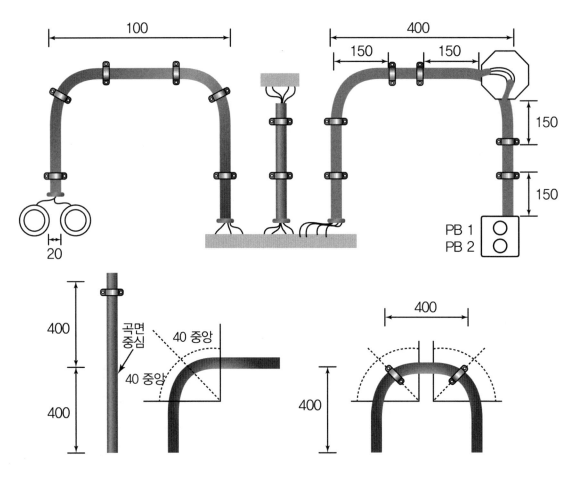

| ㄱ | 표지 | 400 - 30(리셉터클) - 30(빈 공간) - 40(곡면) = 300 | 630 |
| | 절단선 | 400 - 30(커넥터) - 40(곡면) = 330 | |

| ㅡ | 길이 | 400 - 30(단자대) - 30(빈 공간) - 30(커넥터) = 310 | 310 |

ㄷ	표시1	400 - 30(커넥터) - 40(곡면) = 330	980
	표시2	400 - 80(곡면) = 320	
	절단선	400 - 40(곡면) - 30(커넥터) = 330	

도면에서 기준선 안쪽 기구가 있는 경우 기구의 길이만큼 빼서 전선관 길이를 구한다.

전선관 - 리셉터클	전선관 - 단자대	리셉터클(1/2)	단자대폭	커넥터
		30		

06 전기공사의 실제

1 전기공사 작업 순서

전기공사 작업은 일반적으로 다음과 같은 순서로 한다.

1) 지급재료 확인

지급된 수량을 확인하고, 누름 버튼 스위치 등이 제대로 동작되는가를 확인한다.

2) 제어함 배선

(1) 회로도에 접점 번호 기재 : 계전기, 스위치 등의 접점 번호를 적어 넣는다.

(2) 제어판에 기구배치 : 기구 배치도와 치수에 맞게 기구를 배치한다.

(3) 기구 고정 : 나사못을 사용해 기구를 고정시킨다.

(4) 단자대에 접점 번호 부여 : 외부로 인출되는 기구의 번호를 기입한다.

(5) 주회로 배선 : 특별한 제한 조건이 없으면 주회로를 먼저 배선해야 한다.

(6) 보조회로 배선

(7) 회로 점검 : 배선이 끝나면 도면대로 결선이 되었는지 확인한다.

(8) 배선 정리(케이블 타이) : 이상이 없으면 선을 정리하고 케이블 타이로 묶어 준다.

3) 배관 작업

(1) 제어함을 작업할 작업판에 부착한다.

(2) 벽판 제도 : 도면에 주어진 치수대로 분필을 사용해 배관할 위치를 표시한다.

(3) 기구 부착 : 단자대, 컨트롤 박스 등을 부착한다.

(4) 배관 : 치수에 맞춰 전선관을 잘라 배관한다.

4) 입선 작업

(1) 길이 측정 : 먼저 한 가닥을 넣어서 결선할 길이를 포함해 필요한 길이만큼 자른다.

(2) 필요한 가닥수 절단 : (1)의 길이로 필요한 가닥수만큼 자른다.

(3) 입선 : 가닥수가 많을 경우 끝을 묶어서 한꺼번에 입선한다.

5) 결선 작업

(1) 지구와 단자대의 접점 번호를 잘 확인하면서 결선한다.

(2) 결선 후 반드시 확인한다.

6) 주변 정리

(1) 결선 후 이상이 없으면 기구의 뚜껑을 닫고 동작 시험을 위해 전원 인출선을 100mm 정도 길이로 설치하고 10mm 정도 피복을 벗겨 놓는다.

(2) 주변을 깨끗이 청소하고 동작 시험 준비를 한다.

7) 동작 시험

선생님의 지시를 받아 동작 시험을 한다.

2 각종 자재와 완성 작품 예시

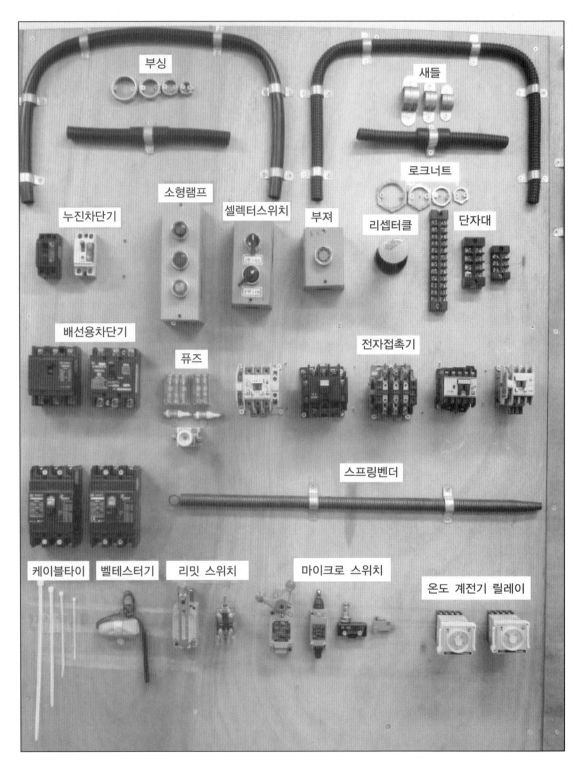

부싱

새들

로크너트

소형램프

셀렉터스위치

부져

리셉터클

단자대

누진차단기

배선용차단기

퓨즈

전자접촉기

스프링벤더

케이블타이   벨테스터기   리밋 스위치   마이크로 스위치

온도 계전기 릴레이

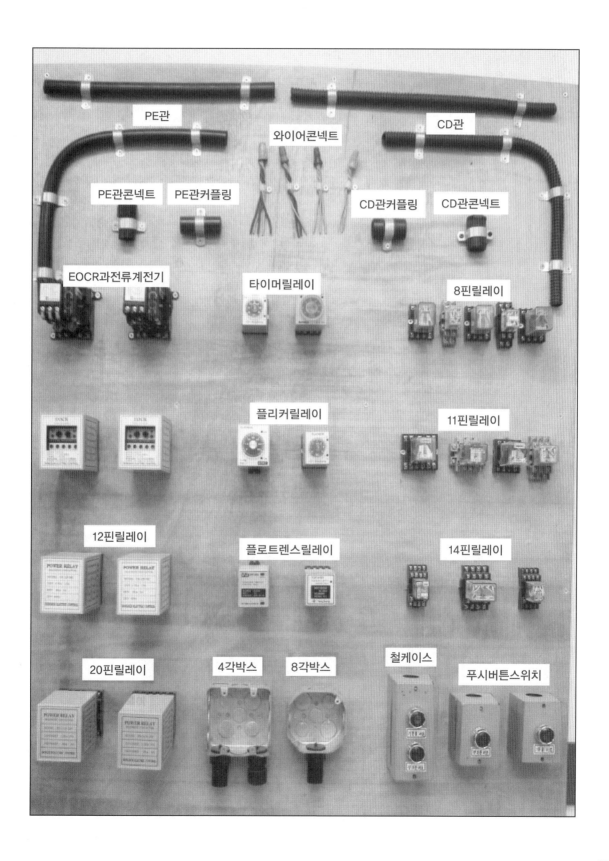

PE관
와이어콘넥트
CD관
PE관콘넥트
PE관커플링
CD관커플링
CD관콘넥트
EOCR과전류계전기
타이머릴레이
8핀릴레이
플리커릴레이
11핀릴레이
12핀릴레이
플로트렌스릴레이
14핀릴레이
20핀릴레이
4각박스
8각박스
철케이스
푸시버튼스위치

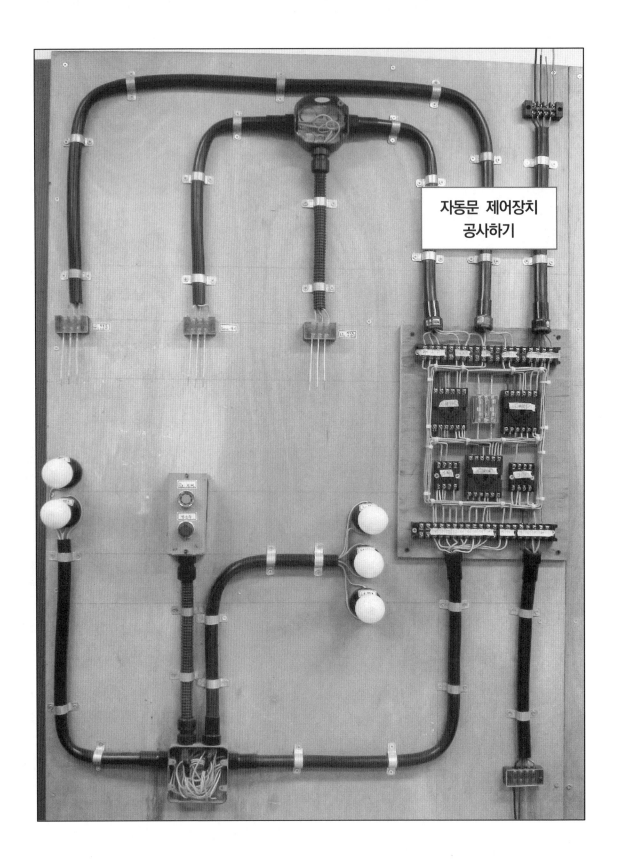

자동문 제어장치
공사하기

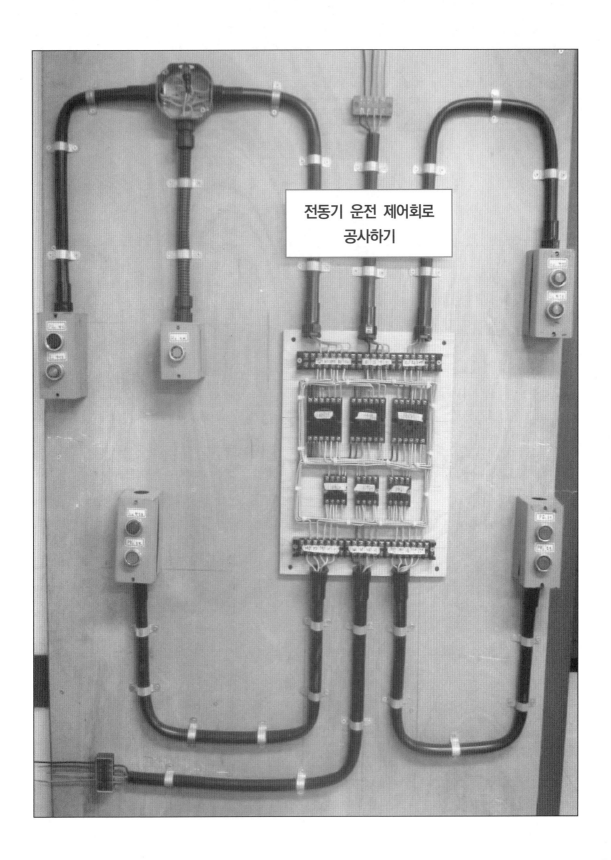

전동기 운전 제어회로
공사하기

전기
기능사
실기

※ 제시된 답안 외에 다른 번호나 문구에 따른 기타 답안도 가능하니 이점 참고하여 주시기 바랍니다.

02

전기기능사 실기
대표 예시문제

전동기 제어회로(정·역회전회로)

1 배관 및 기구 배치도

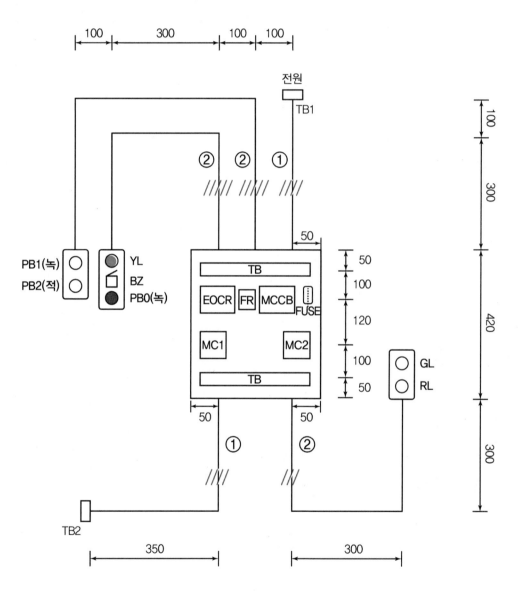

※ 기구 배치도에 기재되어 있는 번호에 맞게 전선관 시공을 하시오.
 ① 가요(플랙시블) 전선관(CD)
 ② 폴리에틸렌 전선관(PE)

2 동작 회로도

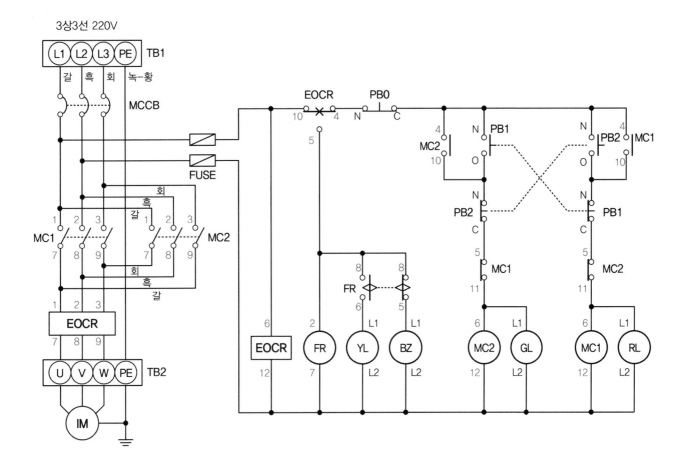

동력설비공사

1 배관 및 기구 배치도

X의 경우 11핀을 사용한다.

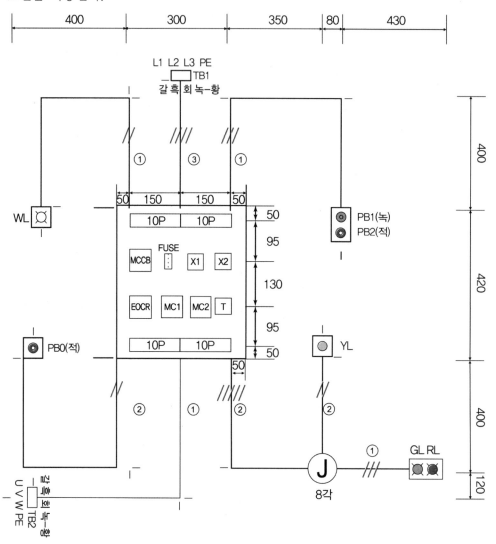

※ 기구 배치도에 기재되어 있는 번호에 맞게 전선관 시공을 하시오.

① 폴리에틸렌 전선관(PE)

② 가요(플랙시블) 전선관(CD)

③ CV 케이블(2.5SQ 4P)

2 동작 회로도

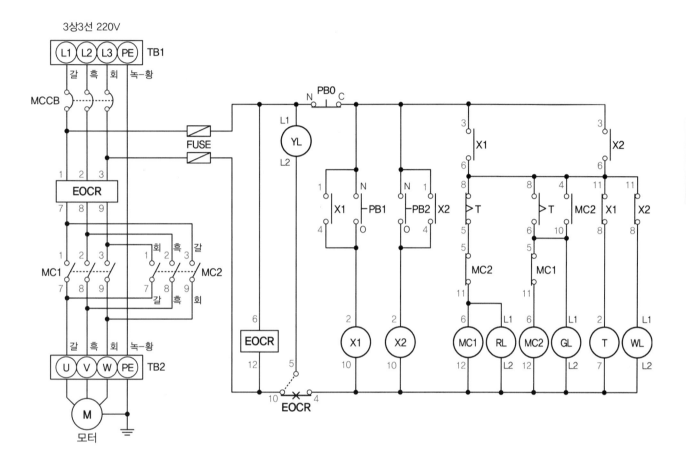

급수설비 제어회로

1 배관 및 기구 배치도

X는 11핀을 사용한다.

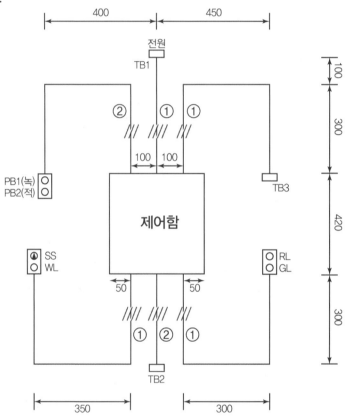

제어함 내부 기구 배치도

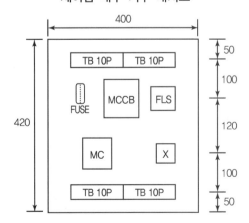

※ 기구 배치도에 기재되어 있는 번호에 맞게 전선관 시공을 하시오.

① 가요(플랙시블) 전선관(CD)

② 폴리에틸렌 전선관(PE)

* 박스 내 전선의 접속은 쥐꼬리 접속, 기구의 접속은 고리형으로 한다.

2 동작 회로도

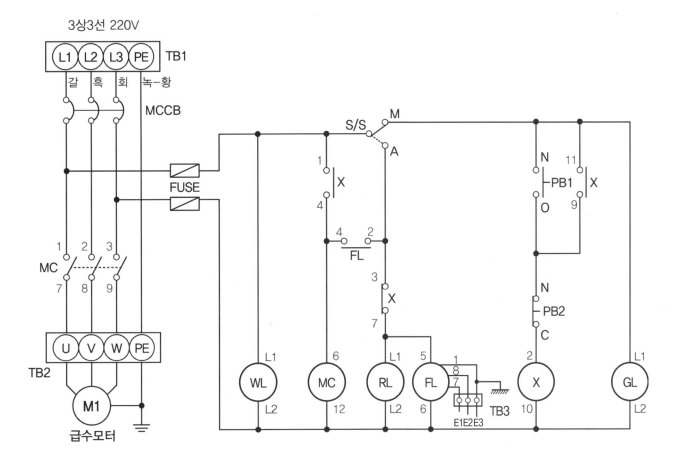

1 배관 및 기구 배치도

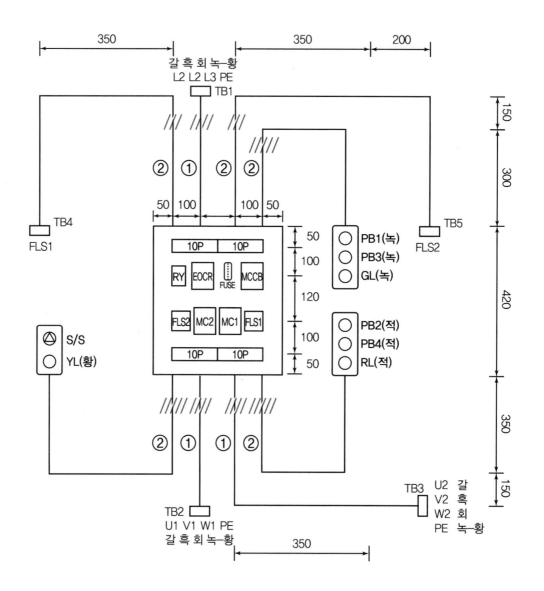

※ 기구 배치도에 기재되어 있는 번호에 맞게 전선관 시공을 하시오.

① 폴리에틸렌 전선관(PE)

② 가요(플렉시블) 전선관(CD)

2 동작 회로도

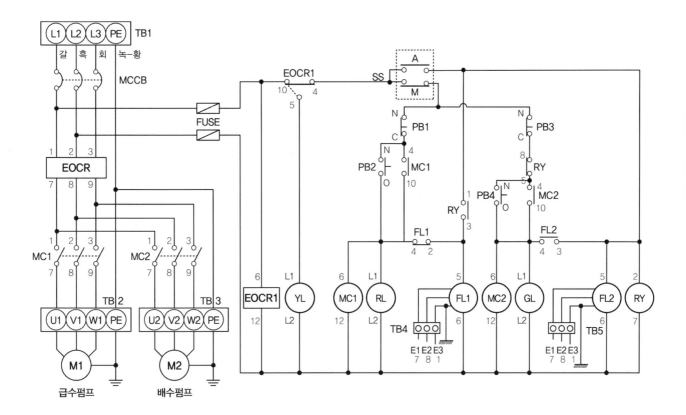

자동 · 수동 전동기 제어회로

1 배관 및 기구 배치도

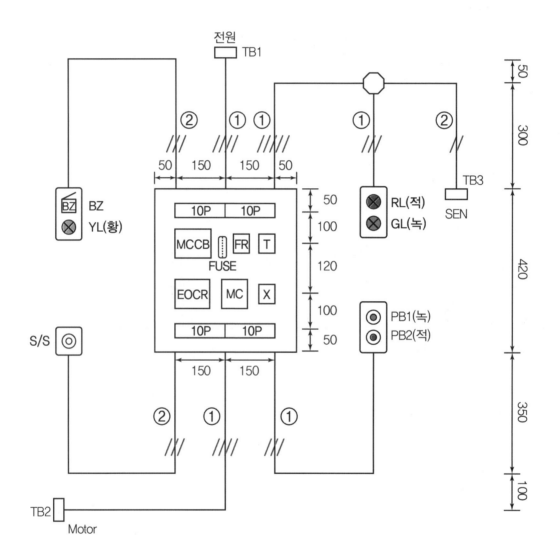

※ 기구 배치도에 기재되어 있는 번호에 맞게 전선관 시공을 하시오.

① 가요(플렉시블) 전선관(CD)

② 폴리에틸렌 전선관(PE)

2 동작 회로도

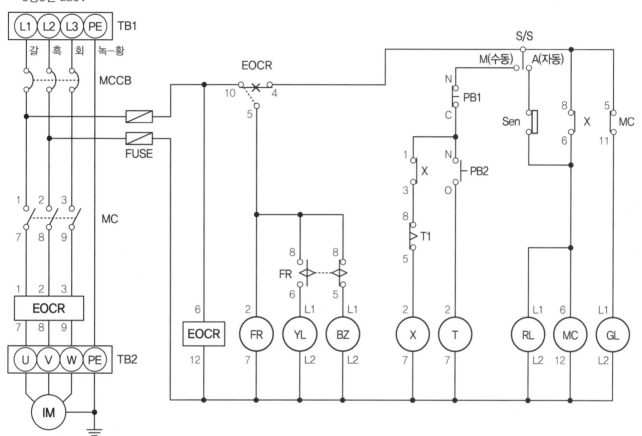

자동 · 수동 전동기 제어회로(리밋 스위치 사용)

1 배관 및 기구 배치도

여기서 PR은 MC(전자접촉기)를 말한다.

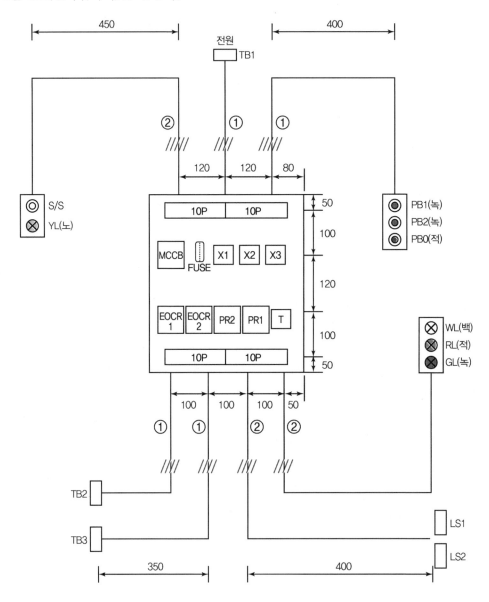

※ 기구 배치도에 기재되어 있는 번호에 맞게 전선관 시공을 하시오.

① 가요(플렉시블) 전선관(CD)

② 폴리에틸렌 전선관(PE)

2 동작 회로도

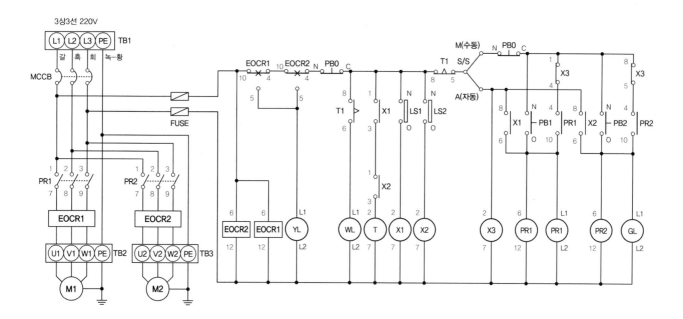

전동기 한시 제어회로

1 배관 및 기구 배치도

X는 11핀 릴레이를 사용한다.

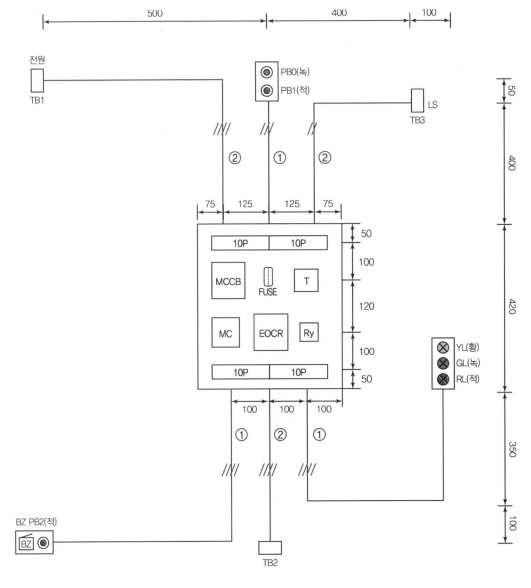

※ 기구 배치도에 기재되어 있는 번호에 맞게 전선관 시공을 하시오.

　① 가요(플렉시블) 전선관(CD)

　② 폴리에틸렌 전선관(PE)

2 동작 회로도

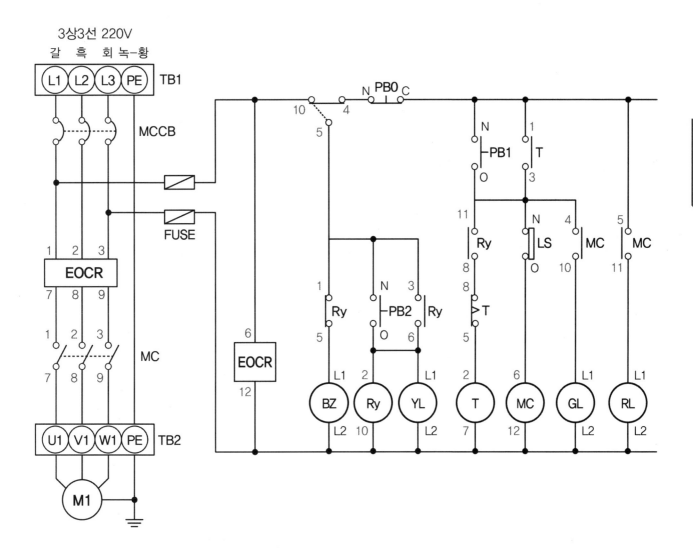

1 배관 및 기구 배치도

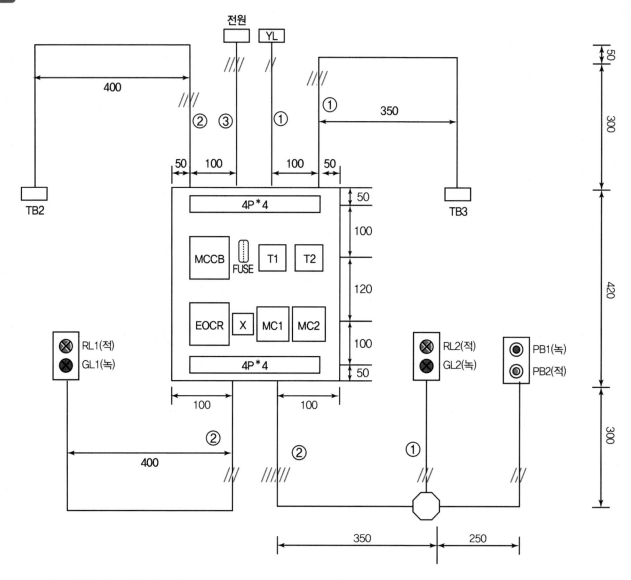

※ 기구 배치도에 기재되어 있는 번호에 맞게 전선관 시공을 하시오.

① 가요(플랙시블) 전선관(CD)

② 폴리에틸렌 전선관(PE)

③ 케이블(Cable)

2 동작 회로도

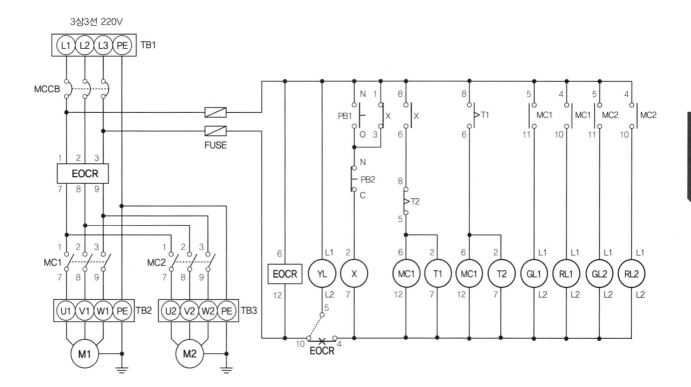

컨베이어 순차운전 회로도

1 배관 및 기구 배치도

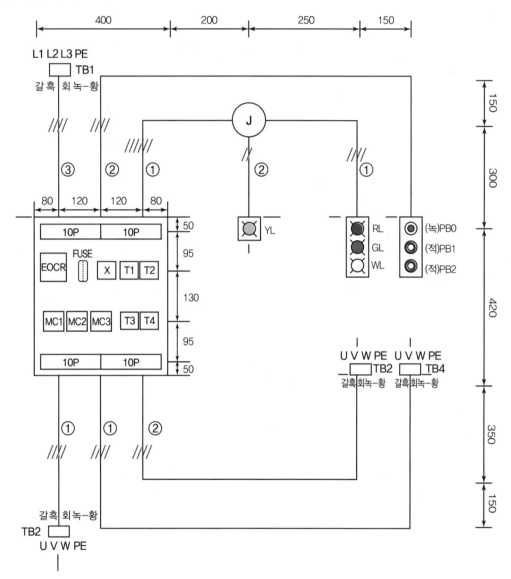

※ 기구 배치도에 기재되어 있는 번호에 맞게 전선관 시공을 하시오.

① 가요(플랙시블) 전선관(CD)

② 폴리에틸렌 전선관(PE)

③ 케이블(Cable)

2 동작 회로도

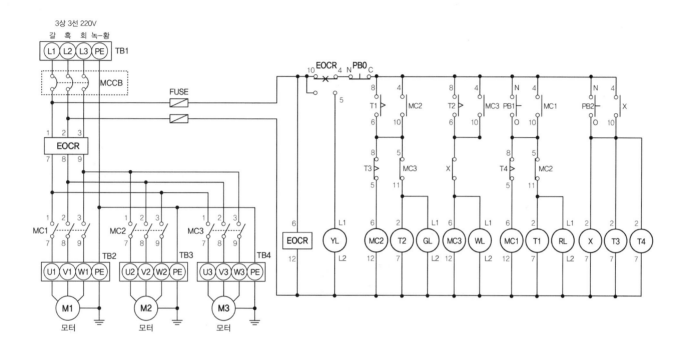

1 배관 및 기구 배치도

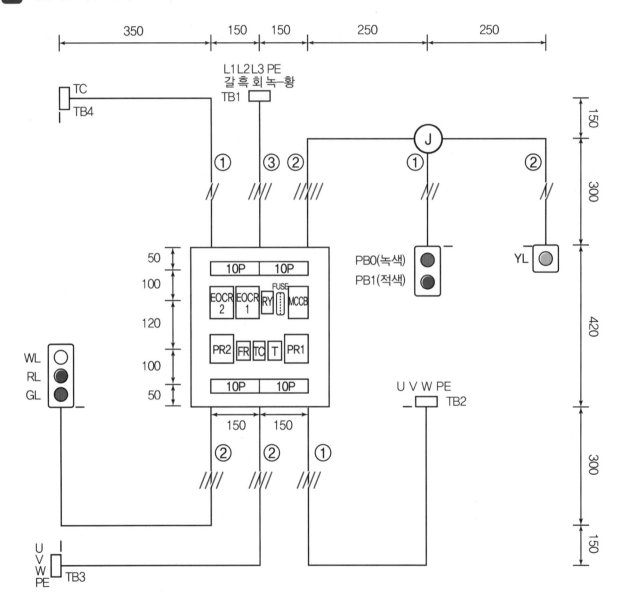

※ 외부 배관 작업용 배관

① PE(폴리에틸렌)관

② CD(콤바인덕트)관

③ CV 케이블

2 동작 회로도

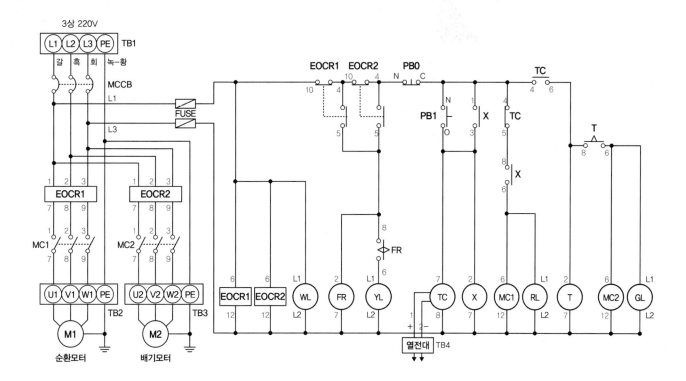

전기
기능사
실기

※ 제시된 답안 외에 다른 번호나 문구에 따른 기타 답안도 가능하니 이점 참고하여 주시기 바랍니다.

03

국가기술자격 실기시험
공개문제

국가기술자격 실기시험문제(①~⑨)

자격종목	전기기능사	과제명	전기 설비의 배선 및 배관 공사

※ 문제지는 시험 종료 후 본인이 가져갈 수 있습니다.

※ 시험 시간 : 4시간 30분

1. 요구사항

가. 지급된 재료와 시험장 시설을 사용하여 제한 시간 내에 주어진 과제를 **안전에 유의**하여 완성하시오.

　(단, 지급된 재료와 도면에서 요구하는 재료가 서로 상이할 수 있으므로 도면을 참고하여 필요한 재료를 지급된 재료에서 선택하여 작품을 완성하시오.)

나. 배관 및 기구 배치 도면에 따라 배관 및 기구를 배치하시오.

　(단, 제어판을 제어함이라고 가정하고 전선관 및 케이블을 접속하시오.)

다. 전기 설비 운전 제어회로 구성

　1) 제어회로의 도면과 동작 사항을 참고하여 제어회로를 구성하시오.

　2) 전원 방식: 3상 3선식 220V

　3) 전동기의 접속은 생략하고 접속할 수 있게 단자대까지 배선하시오.

라. 특별히 명시되어 있지 않은 공사방법 등은 전기사업법령에 따른 행정규칙(전기설비기술기준, 한국전기설비규정(KEC))에 따릅니다.

2. 수험자 유의사항

※ 수험자 유의사항을 고려하여 요구사항을 완성하도록 합니다.

1) 시험 시작 전 지급된 재료의 이상 유무를 확인하고 이상이 있을 때에는 감독위원의 승인을 얻어 교환할 수 있습니다.

　(단, 시험 시작 후 파손된 재료는 수험자 부주의에 의해 파손된 것으로 간주되어 추가로 지급받지 못 합니다.)

2) 제어판을 포함한 작업판에서의 제반 치수는 mm이고, 치수 허용 오차는 외관(전선관, 케이블, 박스, 전원 및 부하 측 단자대 등)은 ±30mm, 제어판 내부는 ±5mm입니다.

　(단, 치수는 도면에 표시된 사항에 의하며 표시되지 않은 경우 부품의 중심을 기준으로 합니다.)

3) 전선관 및 케이블의 수직과 수평을 맞추어 작업하고, 전선관의 곡률 반지름은 전선관 안지름의 6배 이상, 8배 이하로 작업해야 합니다.

자격종목	전기기능사	과제명	전기 설비의 배선 및 배관 공사

4) 기구(컨트롤 박스, 8각 박스, 제어판, 단자대)와 전선관 및 케이블이 접속되는 부분에서 가까운 곳(300mm 이하)에 새들을 설치하고 전선관 및 케이블이 작업판에서 뜨지 않도록 새들을 적절히 배치하여 튼튼하게 고정합니다. (단, 굴곡부가 없는 배관에서 기구와 기구 끝단 사이의 치수가 400mm 미만이면 새들 1개도 가능하고, 새들로 고정 시 나사를 2개 모두 체결해야 고정된 것으로 인정)

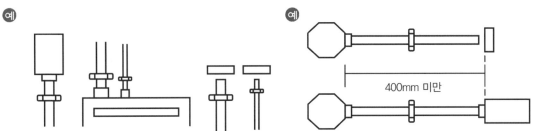

5) 기구(컨트롤 박스, 8각 박스, 제어판)와 전선관 및 케이블이 접속되는 부분에 전선관 및 케이블용 커넥터를 사용하고 제어판에 전선관 및 케이블용 커넥터를 5mm 정도 올리고 새들로 고정해야 합니다.
  (단, 단자대와 전선관 또는 케이블이 접속되는 부분에 전선관 및 케이블용 커넥터를 사용하는 것을 금지합니다.)

6) 전선의 열적 용량에 대한 전선관의 용적률은 고려하지 않습니다.

7) 컨트롤 박스에서 사용하지 않는 **홀(구멍)에 홀마개를 설치**합니다.

8) 제어판 내의 기구는 기구 배치도와 같이 균형 있게 배치하고 흔들림이 없도록 고정합니다.

9) 소켓(베이스)에 채점용 기기가 들어갈 수 있도록 작업합니다.

10) 제어판 배선은 미관을 고려하여 전면에 노출 배선(수평수직)하고 전선의 흐트러짐 등이 없도록 케이블 타이를 이용하여 균형 있게 배선합니다.
  (단, 제어판 배선 시 **기구와 기구 사이의 배선을 금지**합니다.)

11) 주회로는 2.5mm^2(1/1.78)전선, 보조회로는 1.5mm^2(1/1.38) 전선(황색)을 사용하고 주회로의 전선 색상은 **L1은 갈색, L2는 흑색, L3는 회색**을 사용합니다.

12) 보호도체(접지) 회로는 **2.5mm^2(1/1.78) 녹색-황색 전선**으로 배선해야 합니다.

13) 퓨즈홀더 1차 측 주회로는 각각 **2.5mm^2(1/1.78) 갈색과 회색 전선**을 사용하고, 퓨즈홀더 2차 측 보조회로는 **1.5mm^2(1/1.38) 황색 전선**을 사용하고, 퓨즈홀더에는 퓨즈를 끼워 놓아야 합니다.

14) 케이블의 색상이 주회로 색상과 상이한 경우 감독위원이 지정한 색상으로 대체합니다.
  (단, 보호도체(접지) 회로 전선은 제외)

15) 단자에 전선을 접속하는 경우 나사를 견고하게 조입니다. 단자 조임 불량이란 피복이 제거된 나선이 2mm 이상 보이거나, 피복이 단자에 물린 경우를 말합니다.
  (단, **한 단자에 전선 3가닥 이상 접속하는 것을 금지**합니다.)

16) 전원과 부하(전동기) 측 단자대, 리밋스위치의 단자대, 플로트레스 스위치의 단자대는 가로인 경우 왼쪽부터 세로인 경우 위쪽부터 각각 "L1, L2, L3, PE(보호도체)"의 순서, "U(X), V(Y), W(Z), PE(보호도체)"의 순서, "LS1, LS2"의 순서, "E1, E2, E3"의 순서로 결선합니다.

17) 배선점검은 회로시험기 또는 벨시험기만을 가지고 확인할 수 있고, 전원을 투입한 동작시험은 할 수 없습니다.

18) 전원 측 단자대는 동작시험을 할 수 있도록 전원선의 색상에 맞추어 100mm 정도 인출하고 피복은 전선 끝에서 약 10mm 정도 벗겨둡니다.

19) 전자접촉기, 타이머, 릴레이 등의 소켓(베이스)의 방향은 기구의 내부 결선도 및 구성도를 참고하여 홈이 아래로 향하도록 배치하고, 소켓 번호에 유의하여 작업합니다.

　※ 기구의 내부 결선도 및 구성도와 지급된 채점용 기구 및 소켓(베이스)이 상이할 경우 감독위원의 지시에 따라 작업합니다.

20) 8P 소켓을 사용하는 기구(타이머, 릴레이, 플리커릴레이, 온도릴레이, 플로트레스 등)는 기구의 구분 없이 지급된 8P 소켓(베이스)을 적용하여 작업합니다.

　(각 기구에 해당하는 소켓을 고려하지 않고 모두 동일하게 적용합니다.)

21) 보호도체(접지)의 결선은 도면에 표시된 부분만 실시하고, 보호도체(접지)는 입력(전원) 단자대에서 제어판 내의 단자대를 거쳐 출력(부하) 단자대까지 결선하며, 도면에 별도로 표시하지 않더라도 모든 보호도체(접지)는 입력 단자대의 보호도체 단자(PE)와 연결되어야 합니다.

　※ 기타 외부로의 보호도체(접지)의 결선은 실시하지 않아도 됩니다.

22) 기타 공사 방법 등은 감독위원의 지시사항을 준수하여 작업하며, 작업에 대한 문의사항은 시험 시작 전 질의하도록 하고 시험 진행 중에는 질의를 삼가도록 합니다.

23) 특별히 지정한 것 이외에는 전기사업법령에 따른 행정규칙(전기설비기술기준, 한국전기설비규정(KEC))에 의하되 외관이 보기 좋아야 하며 **안전성**이 있어야 합니다.

24) **시험 중 수험자는 반드시 안전 수칙을 준수해야 하며, 작업 복장 상태와 안전 사항 등이 채점대상이 됩니다.**

25) **다음 사항은 실격에 해당하여 채점 대상에서 제외됩니다.**

　가) 과제 진행 중 수험자 스스로 작업에 대한 포기 의사를 표현한 경우

　나) 지급재료 이외의 재료를 사용한 작품

　다) 시험 중 시설·장비의 조작 또는 재료의 취급이 미숙하여 위해를 일으킬 것으로 감독위원 전원이 합의하여 판단한 경우

　라) 기능이 해당 등급 수준에 전혀 도달하지 못한 것으로 감독위원 전원이 합의하여 판단한 경우

　마) 시험 관련 부정에 해당하는 장비(기기)·재료 등을 사용하는 것으로 감독위원 전원이 합의하여 판단한 경우
　　(시험 전 사전 준비작업 및 범용 공구가 아닌 시험에 최적화된 공구는 사용할 수 없음)

자격종목	전기기능사	과제명	전기 설비의 배선 및 배관 공사

바) 시험 시간 내에 제출된 작품이라도 다음과 같은 경우

    (1) 제출된 과제가 도면 및 배치도, 시퀀스 회로도의 동작사항, 부품의 방향, 결선 상태 등이 상이한 경우 (전자접촉기, 타이머, 릴레이, 푸시버튼 스위치 및 램프 색상 등)

    (2) **주회로(갈색, 흑색, 회색) 및 보조회로(황색)** 배선의 전선 굵기 및 색상이 도면 및 유의사항과 상이한 경우

    (3) 제어판 밖으로 인출되는 배선이 제어판 내의 단자대를 거치지 않고 직접 접속된 경우

    (4) 제어판 내의 배선상태나 전선관 및 케이블 가공 상태가 불량하여 전기 공급이 불가한 경우

    (5) 제어판 내의 배선상태나 **기구의 접속 불가 등으로** 동작 상태의 확인이 불가한 경우

    (6) 보호도체(접지)의 결선을 하지 않은 경우와 **보호도체(접지) 회로(녹색-황색)** 배선의 전선 굵기 및 색상이 도면 및 유의사항과 다른 경우

      (단, 전동기로 출력되는 부분은 생략)

    (7) 컨트롤박스 커버 등이 조립되지 않아 내부가 보이는 경우

    (8) 배관 및 기구 배치도에서 허용오차 ±50mm를 넘는 곳이 3개소 이상, ±100mm를 넘는 곳이 1개소 이상인 경우

      (단, 박스, 단자대, 전선관, 케이블 등이 도면 치수를 벗어나는 경우 개별 개소로 판정)

    (9) 기구(컨트롤 박스, 8각 박스, 제어판)와 전선관 및 케이블이 접속되는 부분에 전선관 및 케이블용 커넥터를 정상 접속하지 않은 경우**(미접속 및 불필요한 접속 포함)**

    (10) 기구(컨트롤 박스, 8각 박스, 제어판, 단자대)와 전선관 및 케이블이 접속되는 부분에서 가까운 곳 (300mm 이하)에 새들의 고정나사가 1개소 이상 누락된 경우

      (단, 굴곡부가 없는 배관에서 기구와 기구 끝단 사이의 치수가 400mm 미만이면 새들 1개도 가능)

    (11) 전선관 및 케이블을 말아서 결선한 경우

    (12) 전원과 부하(전동기) 측 단자대에서 L1, L2, L3, PE(보호도체)의 배치 순서와 U(X), V(Y), W(Z), PE(보호도체)의 배치 순서가 유의사항과 상이한 경우, 리밋스위치 단자대에서 LS1, LS2의 배치 순서가 유의사항과 상이한 경우, 플로트레스 스위치 단자대에서 E1, E2, E3의 배치 순서가 유의사항과 상이한 경우

    (13) 한 단자에 전선 3가닥 이상 접속된 경우

    (14) 제어판 내의 배선 시 기구와 기구 사이로 수직 배선한 경우

    (15) 전기설비기술기준, 한국전기설비규정에 따라 공사를 진행하지 않은 경우

26) 시험 종료 후 완성작품에 한해서만 작동 여부를 감독위원으로부터 확인받을 수 있습니다.

자격종목	전기기능사	과제명	전기 설비의 배선 및 배관 공사	척도	NS

[기구의 내부 결선도 및 구성도]

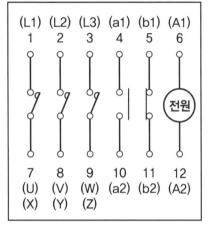

[전자접촉기]

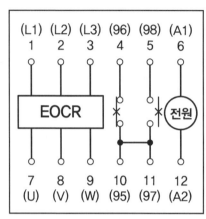

[EOCR]

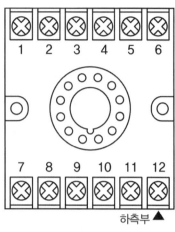

[12P 소켓(베이스) 구성도]

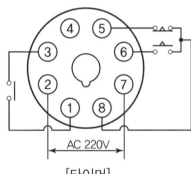

[타이머]

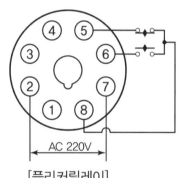

[플리커릴레이]

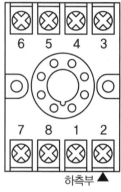

[8P 소켓(베이스) 구성도]

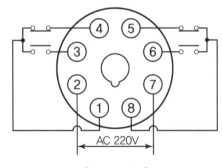

[8P 릴레이]

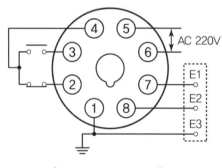

[플로트레스 스위치]

[셀렉터 스위치]

일련 번호	재료명	규격	단위	수량	비고
	[지급재료 목록]	**자격종목**		**전기기능사**	
1	합판	400×420×12mm	장	1	
2	케이블타이	100mm	개	25	
3	나사못	3.5×25	개	4	납작머리
4	나사못	4×12	개	96	납작머리
5	나사못	4×16	개	16	둥근머리
6	나사못	4×20	개	18	둥근머리
7	케이블	4C 2.5mm^2	m	1	
8	케이블 새들	4C 케이블용	개	2	
9	케이블 커넥터	4C 케이블용	개	1	
10	유리관 퓨즈 및 홀더	250V 30A	개	1	퓨즈 10A 2개 포함
11	새들	16mm 전선관용	개	40	
12	8각 박스	철제	개	1	
13	PE 전선관	16mm	m	6	
14	플렉시블 전선관	16mm	m	6	
15	커넥터	16mm	개	7	PE 전선관용
16	커넥터	16mm	개	7	플렉시블 전선관용
17	비닐절연전선	1.5mm^2(1/1.38), 황색	m	50	
18	비닐절연전선	2.5mm^2(1/1.78), 갈색	m	5	
19	비닐절연전선	2.5mm^2(1/1.78), 흑색	m	5	
20	비닐절연전선	2.5mm^2(1/1.78), 회색	m	5	
21	비닐절연전선	2.5mm^2(1/1.78), 녹색-황색	m	5	
22	단자대	10P 20A 220V	개	4	
23	단자대	4P 20A 220V	개	4	
24	배선용차단기	3P, AC250V, 30A	개	1	
25	12P 소켓	12P	개	3	12P 기구 겸용

[지급재료 목록]		자격종목	전기기능사		
일련 번호	재료명	규격	단위	수량	비고
26	8P 소켓	8P	개	4	8P 기구 겸용
27	램프	25∅, 220V	개	3	적1, 녹1, 황1
28	푸시버튼 스위치	25∅, 1a1b	개	2	적1, 녹1
29	셀렉터 스위치	25∅, 1a1b	개	1	
30	부저	25∅, 220V	개	1	
31	컨트롤 박스	25∅, 2구	개	4	
32	홀마개	25∅	개	1	재사용
33	전자접촉기	AC220V, 12P	개	2	채점용
34	EOCR	AC220V, 12P	개	1	채점용
35	타이머	AC220V, 8P	개	1	채점용
36	릴레이	AC220V, 8P	개	1	채점용
37	플리커릴레이	AC220V, 8P	개	1	채점용
38	플로트레스 스위치	AC220V, 8P	개	1	채점용

※ 국가기술자격 실기시험 지급재료는 시험종료 후(기권, 결시자 포함) 수험자에게 지급하지 않습니다.

국가기술자격 실기시험문제 ①

자격종목	전기기능사	과제명	전기 설비의 배선 및 배관 공사	척도	NS

1 배관 및 기구 배치도

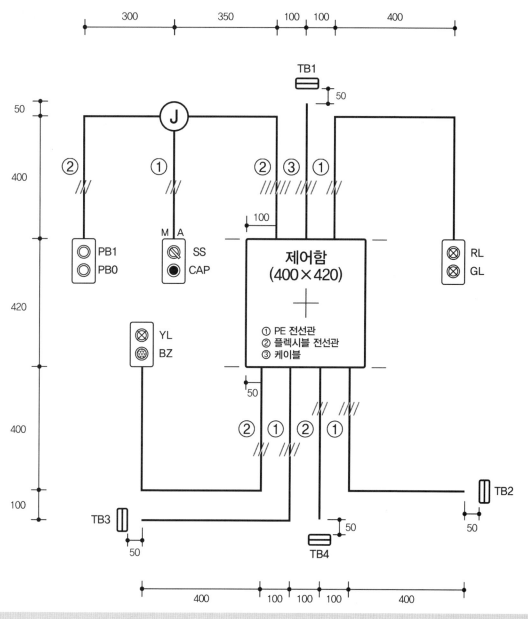

※ NOTE : 치수 기준점은 제어함의 중심으로 한다.

자격종목	전기기능사	과제명	전기 설비의 배선 및 배관 공사	척도	NS

2 제어판 내부 기구 배치도

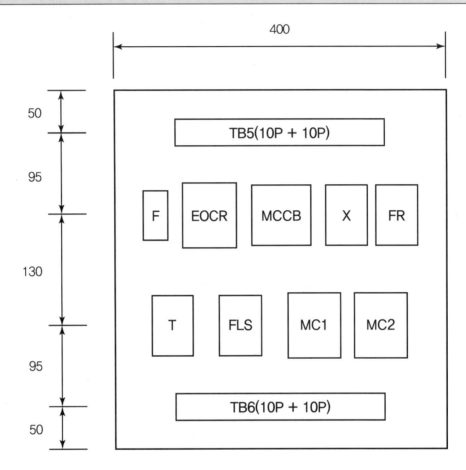

[범례]

기호	명칭	기호	명칭
TB1	전원(단자대 4P)	PB0	푸시버튼 스위치(적색)
TB2, TB3	전동기(단자대 4P)	PB1	푸시버튼 스위치(녹색)
TB4	플로트레스(단자대 4P)	SS	셀렉터 스위치
TB5, TB6	단자대(10P + 10P)	YL	램프(황색)
MC1, MC2	전자접촉기(12P)	GL	램프(녹색)
EOCR	EOCR(12P)	RL	램프(적색)
X	릴레이(8P)	BZ	부저
T	타이머(8P)	CAP	홀마개
FR	플리커릴레이(8P)	□	8각 박스
FLS	플로트레스 스위치(8P)	F	퓨즈 및 퓨즈홀더
MCCB	배선용차단기		

자격종목	전기기능사	과제명	전기 설비의 배선 및 배관 공사	척도	NS

3 제어회로의 시퀀스 회로도

※ 본 도면은 시험을 위해서 임의 구성한 것으로 상용도면과 상이할 수 있습니다.

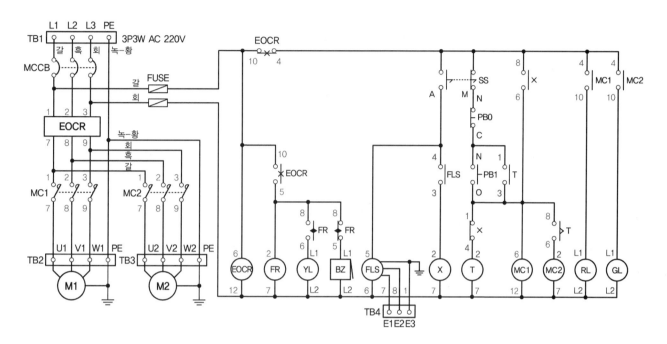

※ NOTE
 - 플로트레스 스위치 FLS에서 TB4로 배선되는 E1, E2, E3는 보조회로 전선을 사용합니다.
 - 플로트레스 스위치 FLS의 보호도체(접지) 결선은 제어판(TB6 또는 FLS 소켓)에서 보호도체 회로 전선으로 실시합니다.

PB 0	공통	PB 1		S/S	S/S	S/S		L1	L2	L3	PE		RL	GL	공통				
N	CN	O		공	M	A							L1	L1	L2				

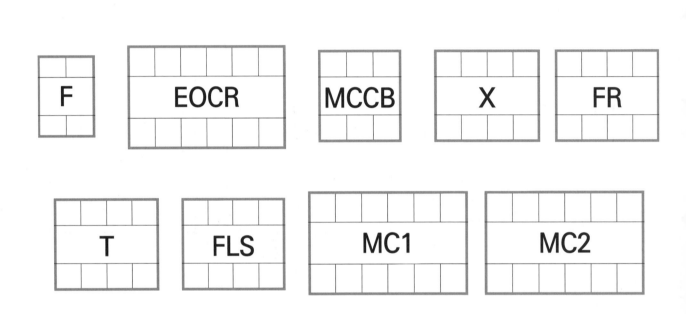

YL	BZ	공통		U2	V2	W2	PE		E1	E2	E3		U1	V1	W1	PE			
L1	L1	L2																	

4 제어회로의 동작 사항

가) MCCB를 통해 전원을 투입하면, 전자식과전류계전기 EOCR에 전원이 공급된다.

나) 자동 운전 동작 사항

(1) 셀렉터 스위치 SS를 A(자동) 위치에 놓으면 플로트레스 스위치 FLS에 전원이 공급되고, 플로트레스 스위치 FLS의 수위 감지가 동작되면, 릴레이 X, 전자접촉기 MC1이 여자되어, 전동기 M1이 회전하고 램프 RL이 점등된다.

(2) 전동기가 운전하는 중 플로트레스 스위치 FLS의 수위 감지가 해제되거나 셀렉터 스위치 SS를 M(수동) 위치에 놓으면, 제어회로 및 전동기의 동작은 모두 정지된다.

다) 수동 운전 동작 사항

(1) 셀렉터 스위치 SS를 M(수동) 위치에 놓은 상태에서, 푸시버튼 스위치 PB1을 누르면, 타이머 T, 전자접촉기 MC1이 여자되어, 전동기 M1이 회전하고 램프 RL이 점등된다.

(2) 타이머 T의 설정시간 t초 후, 전자접촉기 MC2가 여자되어, 전동기 M2가 회전하고 램프 GL이 점등된다.

(3) 전동기가 운전하는 중 푸시버튼 스위치 PB0를 누르거나 셀렉터 스위치 SS를 A(자동) 위치에 놓으면, 제어회로 및 전동기 동작은 모두 정지된다.

라) EOCR 동작 사항

(1) 전동기가 운전하는 중 전동기의 과부하로 과전류가 흐르면, 전자식과전류계전기 EOCR이 동작되어 전동기는 정지하고, 플리커릴레이 FR이 여자되고, 부저 BZ가 동작된다.

(2) 플리커릴레이 FR의 설정시간 간격으로 부저 BZ와 램프 YL이 교대로 동작된다.

(3) 전자식과전류계전기 EOCR을 리셋(RESET)하면 제어회로는 초기 상태로 복귀된다.

※ 동작 내용은 단순 참고 사항이며, 모든 동작은 시퀀스 회로를 기준으로 합니다.

PART 03

국가기술자격 실기시험문제 ②

자격종목	전기기능사	과제명	전기 설비의 배선 및 배관 공사	척도	NS

1 배관 및 기구 배치도

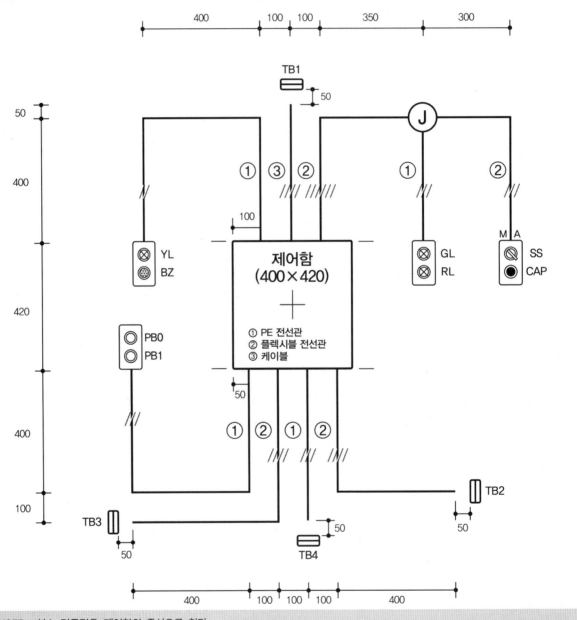

① PE 전선관
② 플렉시블 전선관
③ 케이블

※ NOTE : 치수 기준점은 제어함의 중심으로 한다.

자격종목	전기기능사	과제명	전기 설비의 배선 및 배관 공사	척도	NS

2 제어판 내부 기구 배치도

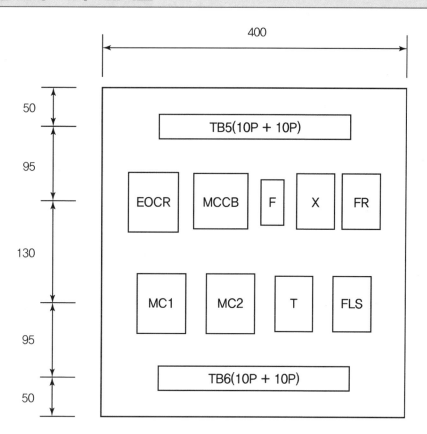

[범례]

기호	명칭	기호	명칭
TB1	전원(단자대 4P)	PB0	푸시버튼 스위치(적색)
TB2, TB3	전동기(단자대 4P)	PB1	푸시버튼 스위치(녹색)
TB4	플로트레스(단자대 4P)	SS	셀렉터 스위치
TB5, TB6	단자대(10P + 10P)	YL	램프(황색)
MC1, MC2	전자접촉기(12P)	GL	램프(녹색)
EOCR	EOCR(12P)	RL	램프(적색)
X	릴레이(8P)	BZ	부저
T	타이머(8P)	CAP	홀마개
FR	플리커릴레이(8P)	□	8각 박스
FLS	플로트레스 스위치(8P)	F	퓨즈 및 퓨즈홀더
MCCB	배선용차단기		

3 제어회로의 시퀀스 회로도

※ 본 도면은 시험을 위해서 임의 구성한 것으로 상용도면과 상이할 수 있습니다.

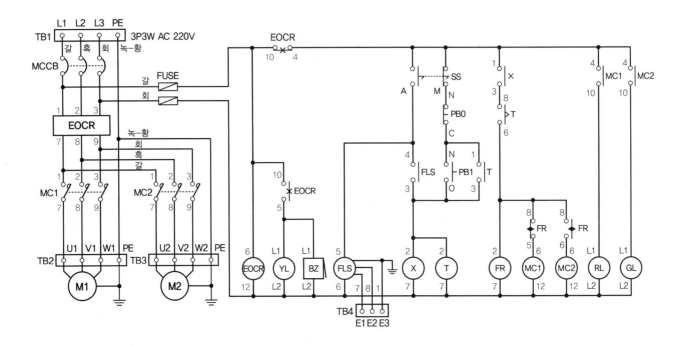

※ NOTE
- 플로트레스 스위치 FLS에서 TB4로 배선되는 E1, E2, E3는 보조회로 전선을 사용합니다.
- 플로트레스 스위치 FLS의 보호도체(접지) 결선은 제어판(TB6 또는 FLS 소켓)에서 보호도체 회로 전선으로 실시합니다.

YL/BZ	YL/BZ		L1	L2	L3	PE		GL	RL	공통		S/S	S/S	S/S				
L1	L2											공통	M	A				

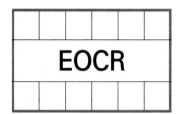

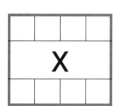

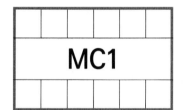

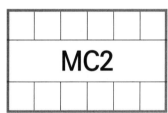

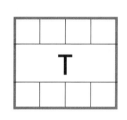

PB0	공통	PB1		U2	V2	W2	PE		E1	E2	E3		U1	V1	W1	PE	
N	CN	O															

자격종목	전기기능사	과제명	전기 설비의 배선 및 배관 공사	척도	NS

4 제어회로의 동작 사항

가) MCCB를 통해 전원을 투입하면, 전자식과전류계전기 EOCR에 전원이 공급된다.

나) 자동 운전 동작 사항

(1) 셀렉터 스위치 SS를 A(자동) 위치에 놓으면 플로트레스 스위치 FLS에 전원이 공급되고, 플로트레스 스위치 FLS의 수위 감지가 동작되면, 릴레이 X, 타이머 T가 여자된다.

(2) 타이머 T의 설정시간 t초 후에, 플리커릴레이 FR, 전자접촉기 MC1이 여자되어, 전동기 M1이 회전하고 램프 RL이 점등된다.

(3) 플리커릴레이 FR의 설정시간 간격으로 전자접촉기 MC1과 MC2가 교대로 여자되어, 전동기 M1과 M2가 교대로 회전하고 램프 RL과 GL이 교대로 점등된다.

(4) 전동기가 운전하는 중 플로트레스 스위치 FLS의 수위 감지가 해제되거나 셀렉터 스위치 SS를 M(수동) 위치에 놓으면, 제어회로 및 전동기의 동작은 모두 정지된다.

다) 수동 운전 동작 사항

(1) 셀렉터 스위치 SS를 M(수동) 위치에 놓은 상태에서, 푸시버튼 스위치 PB1을 누르면, 릴레이 X, 타이머 T가 여자된다.

(2) 타이머 T의 설정시간 t초 후, 플리커릴레이 FR, 전자접촉기 MC1이 여자되어, 전동기 M1이 회전하고 램프 RL이 점등된다.

(3) 플리커릴레이 FR의 설정시간 간격으로 전자접촉기 MC1과 MC2가 교대로 여자되어, 전동기 M1과 M2가 교대로 회전하고 램프 RL과 GL이 교대로 점등된다.

(4) 전동기가 운전하는 중 푸시버튼 스위치 PB0를 누르거나 셀렉터 스위치 SS를 A(자동) 위치에 놓으면, 제어회로 및 전동기의 동작은 모두 정지된다.

라) EOCR 동작 사항

(1) 전동기가 운전하는 중 전동기의 과부하로 과전류가 흐르면, 전자식과전류계전기 EOCR이 동작되어 전동기는 정지하고, 부저 BZ가 동작되고, 램프 YL이 점등된다.

(2) 전자식과전류계전기 EOCR을 리셋(RESET)하면 제어회로는 초기 상태로 복귀된다.

※ 동작 내용은 단순 참고 사항이며, 모든 동작은 시퀀스 회로를 기준으로 합니다.

국가기술자격 실기시험문제 ③

자격종목	전기기능사	과제명	전기 설비의 배선 및 배관 공사	척도	NS

1 배관 및 기구 배치도

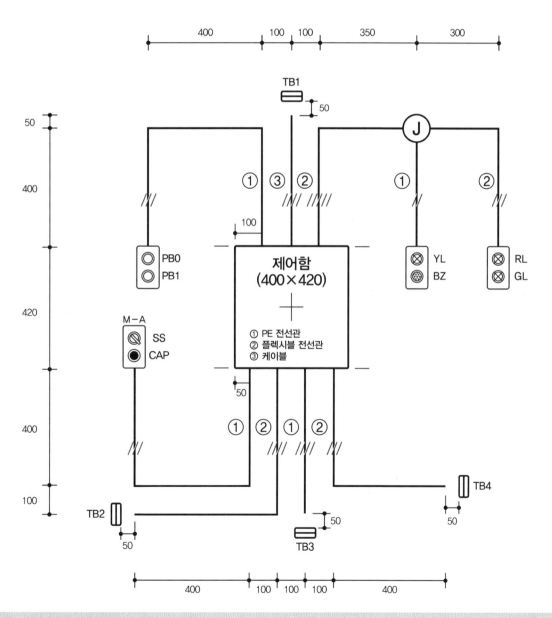

① PE 전선관
② 플렉시블 전선관
③ 케이블

※ NOTE : 치수 기준점은 제어함의 중심으로 한다.

자격종목	전기기능사	과제명	전기 설비의 배선 및 배관 공사	척도	NS

2 제어판 내부 기구 배치도

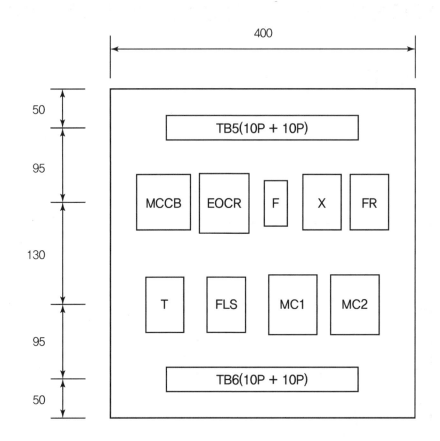

[범례]

기호	명칭	기호	명칭
TB1	전원(단자대 4P)	PB0	푸시버튼 스위치(적색)
TB2, TB3	전동기(단자대 4P)	PB1	푸시버튼 스위치(녹색)
TB4	플로트레스(단자대 4P)	SS	셀렉터 스위치
TB5, TB6	단자대(10P + 10P)	YL	램프(황색)
MC1, MC2	전자접촉기(12P)	GL	램프(녹색)
EOCR	EOCR(12P)	RL	램프(적색)
X	릴레이(8P)	BZ	부저
T	타이머(8P)	CAP	홀마개
FR	플리커릴레이(8P)	□	8각 박스
FLS	플로트레스 스위치(8P)	F	퓨즈 및 퓨즈홀더
MCCB	배선용차단기		

3 제어회로의 시퀀스 회로도

※ 본 도면은 시험을 위해서 임의 구성한 것으로 상용도면과 상이할 수 있습니다.

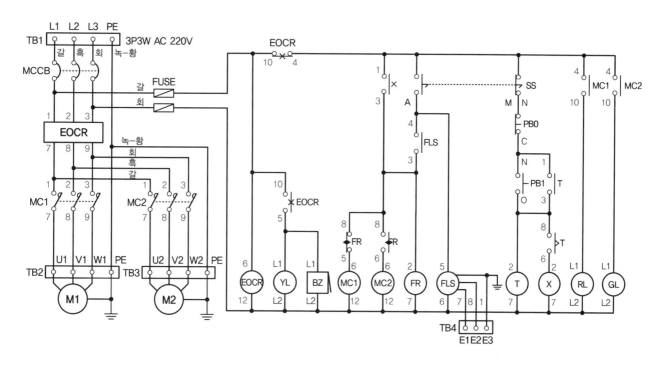

PART 03

※ NOTE
- 플로트레스 스위치 FLS에서 TB4로 배선되는 E1, E2, E3는 보조회로 전선을 사용합니다.
- 플로트레스 스위치 FLS의 보호도체(접지) 결선은 제어판(TB6 또는 FLS 소켓)에서 보호도체 회로 전선으로 실시합니다.

PB0	공통	PB1		L1	L2	L3	PE		YL/BZ	YL/BZ		RL	GL	공통				
N	CN	O							L1	L2		L1	L1	L2				

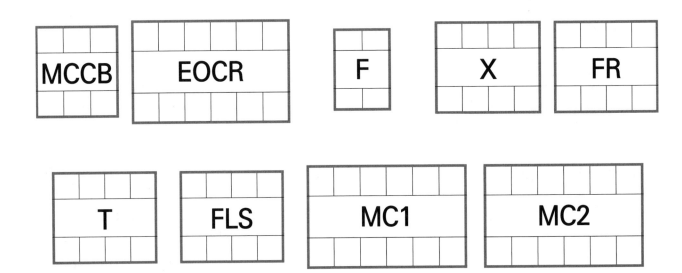

S/S	S/S	S/S		U1	V1	W1	PE		U2	V2	W2	PE		E1	E2	E3		
공통	M	A																

자격종목	전기기능사	과제명	전기 설비의 배선 및 배관 공사	척도	NS

4 제어회로의 동작 사항

가) MCCB를 통해 전원을 투입하면, 전자식과전류계전기 EOCR에 전원이 공급된다.

나) 자동 운전 동작 사항

(1) 셀렉터 스위치 SS를 A(자동) 위치에 놓으면 플로트레스 스위치 FLS에 전원이 공급되고, 플로트레스 스위치 FLS의 수위 감지가 동작되면, 플리커릴레이 FR, 전자접촉기 MC1이 여자되어, 전동기 M1이 회전하고 램프 RL이 점등된다.

(2) 플리커릴레이 FR의 설정시간 간격으로 전자접촉기 MC1과 MC2가 교대로 여자되어, 전동기 M1과 M2가 교대로 회전하고 램프 RL과 GL이 교대로 점등된다.

(3) 전동기가 운전하는 중 플로트레스 스위치 FLS의 수위 감지가 해제되거나 셀렉터 스위치 SS를 M(수동) 위치에 놓으면, 제어회로 및 전동기의 동작은 모두 정지된다.

다) 수동 운전 동작 사항

(1) 셀렉터 스위치 SS를 M(수동) 위치에 놓은 상태에서, 푸시버튼 스위치 PB1을 누르면, 타이머 T가 여자된다.

(2) 타이머 T의 설정시간 t초 후, 릴레이 X, 플리커릴레이 FR, 전자접촉기 MC1이 여자되어, 전동기 M1이 회전하고 램프 RL이 점등된다.

(3) 플리커릴레이 FR의 설정시간 간격으로 전자접촉기 MC1과 MC2가 교대로 여자되어, 전동기 M1과 M2가 교대로 회전하고 램프 RL과 GL이 교대로 점등된다.

(4) 전동기가 운전하는 중 푸시버튼 스위치 PB0를 누르거나 셀렉터 스위치 SS를 A(자동) 위치에 놓으면, 제어회로 및 전동기의 동작은 모두 정지된다.

라) EOCR 동작 사항

(1) 전동기가 운전하는 중 전동기의 과부하로 과전류가 흐르면, 전자식과전류계전기 EOCR이 동작되어 전동기는 정지하고, 부저 BZ가 동작되고, 램프 YL이 점등된다.

(2) 전자식과전류계전기 EOCR을 리셋(RESET)하면 제어회로는 초기 상태로 복귀된다.

※ 동작 내용은 단순 참고 사항이며, 모든 동작은 시퀀스 회로를 기준으로 합니다.

국가기술자격 실기시험문제 ④

자격종목	전기기능사	과제명	전기 설비의 배선 및 배관 공사	척도	NS

1 배관 및 기구 배치도

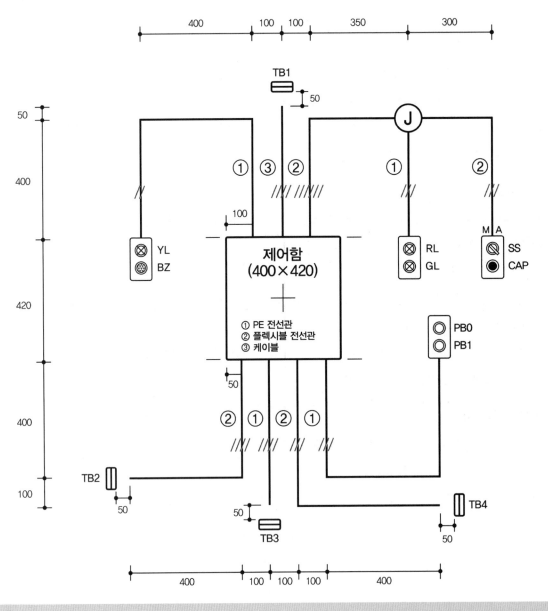

※ NOTE : 치수 기준점은 제어함의 중심으로 한다.

자격종목	전기기능사	과제명	전기 설비의 배선 및 배관 공사	척도	NS

2 제어판 내부 기구 배치도

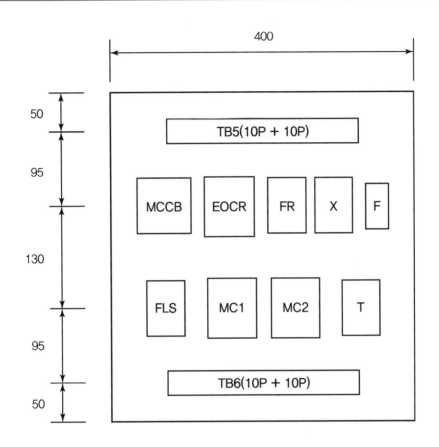

[범례]

기호	명칭	기호	명칭
TB1	전원(단자대 4P)	PB0	푸시버튼 스위치(적색)
TB2, TB3	전동기(단자대 4P)	PB1	푸시버튼 스위치(녹색)
TB4	플로트레스(단자대 4P)	SS	셀렉터 스위치
TB5, TB6	단자대(10P + 10P)	YL	램프(황색)
MC1, MC2	전자접촉기(12P)	GL	램프(녹색)
EOCR	EOCR(12P)	RL	램프(적색)
X	릴레이(8P)	BZ	부저
T	타이머(8P)	CAP	홀마개
FR	플리커릴레이(8P)	□	8각 박스
FLS	플로트레스 스위치(8P)	F	퓨즈 및 퓨즈홀더
MCCB	배선용차단기		

3 제어회로의 시퀀스 회로도

※ 본 도면은 시험을 위해서 임의 구성한 것으로 상용도면과 상이할 수 있습니다.

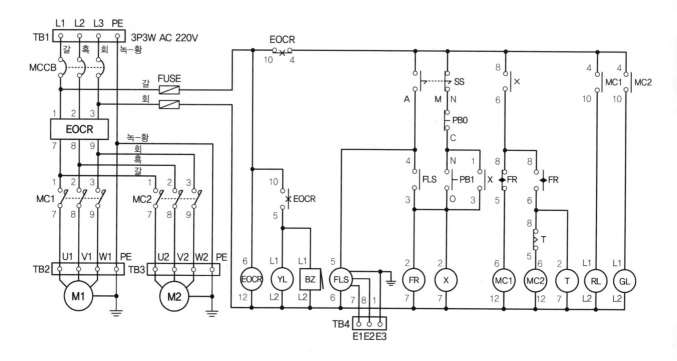

※ NOTE
- 플로트레스 스위치 FLS에서 TB4로 배선되는 E1, E2, E3는 보조회로 전선을 사용합니다.
- 플로트레스 스위치 FLS의 보호도체(접지) 결선은 제어판(TB6 또는 FLS 소켓)에서 보호도체 회로 전선으로 실시합니다.

YL/BZ	YL/BZ		L1	L2	L3	PE		RL	GL	공통		S/S	S/S	S/S		
L1	L2							L1	L1	L2		공통	M	A		

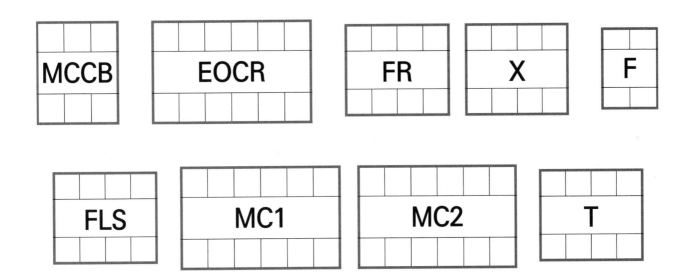

U1	V1	W1	PE		U2	V2	W2	PE		E1	E2	E3		PB0	공통	PB1		
														N	CN	O		

자격종목	전기기능사	과제명	전기 설비의 배선 및 배관 공사	척도	NS

4 제어회로의 동작 사항

가) MCCB를 통해 전원을 투입하면, 전자식과전류계전기 EOCR에 전원이 공급된다.

나) 초기 운전 조건 : 타이머 T의 설정시간은 플리커릴레이 FR의 설정시간보다 작아야 한다(즉, 타이머 설정시간 〈 플리커릴레이 설정시간).

다) 자동 운전 동작 사항

(1) 셀렉터 스위치 SS를 A(자동) 위치에 놓으면 플로트레스 스위치 FLS에 전원이 공급되고, 플로트레스 스위치 FLS의 수위 감지가 동작되면, 릴레이 X, 플리커릴레이 FR이 여자된다.

(2) 플리커릴레이 FR의 설정시간 간격으로 전자접촉기 MC1과 전자접촉기 MC2, 타이머 T가 교대로 여자되고, 타이머 T의 설정시간 t초 후, 전자접촉기 MC2가 소자된다.

아래의 ① → ② → ③의 순으로 계속 반복 동작한다.

① 전동기 M1이 회전, M2가 정지하고 램프 RL이 점등, GL이 소등

② 전동기 M1이 정지, M2가 회전하고 램프 RL이 소등, GL이 점등

③ 전동기 M1과 M2가 정지하고 램프 RL과 GL이 소등

(3) 전동기가 운전하는 중 플로트레스 스위치 FLS의 수위 감지가 해제되거나 셀렉터 스위치 SS를 M(수동) 위치에 놓으면, 제어회로 및 전동기의 동작은 모두 정지된다.

라) 수동 운전 동작 사항

(1) 셀렉터 스위치 SS를 M(수동) 위치에 놓은 상태에서, 푸시버튼 스위치 PB1을 누르면, 릴레이 X, 플리커릴레이 FR이 여자된다.

(2) 자동 운전 동작 사항 다)의 (2)와 같다.

(3) 전동기가 운전하는 중 푸시버튼 스위치 PB0를 누르거나 셀렉터 스위치 SS를 A(자동) 위치에 놓으면, 제어회로 및 전동기의 동작은 모두 정지된다.

마) EOCR 동작 사항

(1) 전동기가 운전하는 중 전동기의 과부하로 과전류가 흐르면, 전자식과전류계전기 EOCR이 동작되어 전동기는 정지하고, 부저 BZ가 동작되고, 램프 YL이 점등된다.

(2) 전자식과전류계전기 EOCR을 리셋(RESET)하면 제어회로는 초기 상태로 복귀된다.

※ 동작 내용은 단순 참고 사항이며, 모든 동작은 시퀀스 회로를 기준으로 합니다.

국가기술자격 실기시험문제 ⑤

자격종목	전기기능사	과제명	전기 설비의 배선 및 배관 공사	척도	NS

1 배관 및 기구 배치도

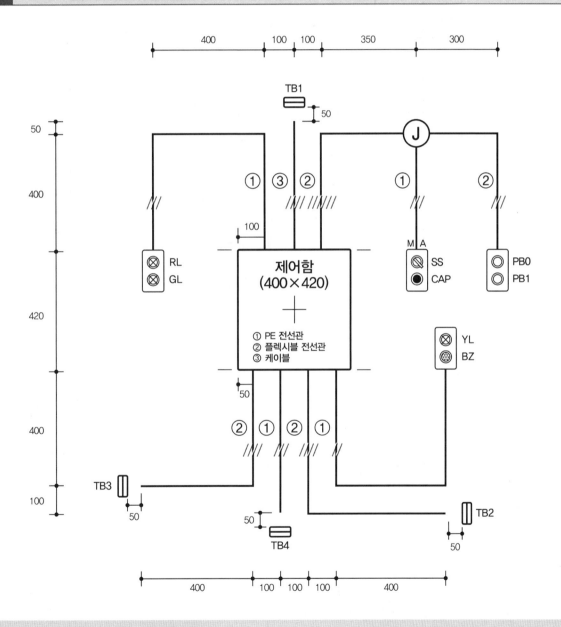

※ NOTE : 치수 기준점은 제어함의 중심으로 한다.

2 제어판 내부 기구 배치도

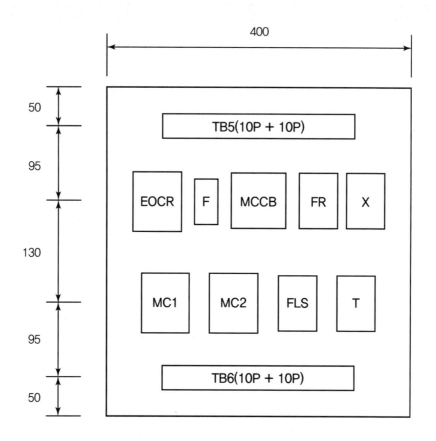

[범례]

기호	명칭	기호	명칭
TB1	전원(단자대 4P)	PB0	푸시버튼 스위치(적색)
TB2, TB3	전동기(단자대 4P)	PB1	푸시버튼 스위치(녹색)
TB4	플로트레스(단자대 4P)	SS	셀렉터 스위치
TB5, TB6	단자대(10P + 10P)	YL	램프(황색)
MC1, MC2	전자접촉기(12P)	GL	램프(녹색)
EOCR	EOCR(12P)	RL	램프(적색)
X	릴레이(8P)	BZ	부저
T	타이머(8P)	CAP	홀마개
FR	플리커릴레이(8P)	□	8각 박스
FLS	플로트레스 스위치(8P)	F	퓨즈 및 퓨즈홀더
MCCB	배선용차단기		

3 제어회로의 시퀀스 회로도

※ 본 도면은 시험을 위해서 임의 구성한 것으로 상용도면과 상이할 수 있습니다.

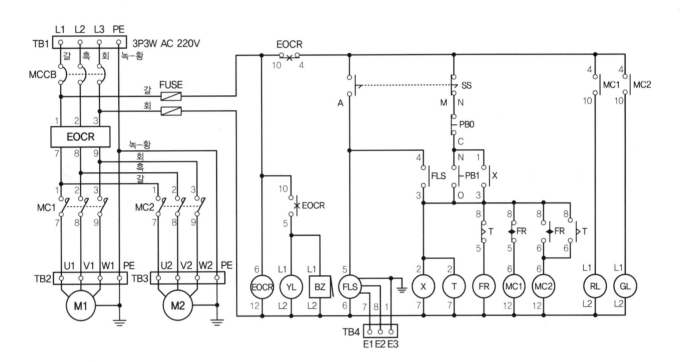

※ NOTE
- 플로트레스 스위치 FLS에서 TB4로 배선되는 E1, E2, E3는 보조회로 전선을 사용합니다.
- 플로트레스 스위치 FLS의 보호도체(접지) 결선은 제어판(TB6 또는 FLS 소켓)에서 보호도체 회로 전선으로 실시합니다.

RL	GL	공통		L1	L2	L2	PE			S/S	S/S	S/S		PB0	공통	PB1			
L1	L1	L2								공통	M	A		N	CN	O			

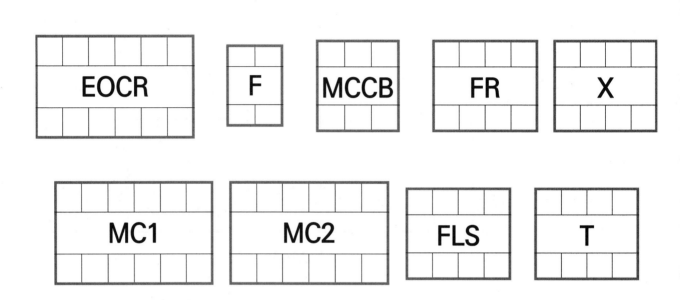

U2	V2	W2	PE		E1	E2	E3		U1	V1	W1	PE		YL/BZ	YL/BZ				
														L1	L1				

자격종목	전기기능사	과제명	전기 설비의 배선 및 배관 공사	척도	NS

4 제어회로의 동작 사항

가) MCCB를 통해 전원을 투입하면, 전자식과전류계전기 EOCR에 전원이 공급된다.

나) 자동 운전 동작 사항

(1) 셀렉터 스위치 SS를 A(자동) 위치에 놓으면 플로트레스 스위치 FLS에 전원이 공급되고, 플로트레스 스위치 FLS의 수위 감지가 동작되면, 타이머 T, 릴레이 X, 플리커릴레이 FR이 여자되고, 플리커릴레이 FR의 설정시간 간격으로 전자접촉기 MC1과 MC2가 교대로 여자되어 전동기 M1, 램프 RL과 전동기 M2, 램프 GL이 교대로 동작한다.

(2) 타이머 T의 설정시간 t초 후, 플리커릴레이 FR이 소자되고, 전자접촉기 MC1, MC2가 여자되어, 전동기 M1, M2가 회전하고 램프 RL, GL이 점등된다.

(3) 전동기가 운전하는 중 플로트레스 스위치 FLS의 수위 감지가 해제되거나 셀렉터 스위치 SS를 M(수동) 위치에 놓으면, 제어회로 및 전동기의 동작은 모두 정지된다.

다) 수동 운전 동작 사항

(1) 셀렉터 스위치 SS를 M(수동) 위치에 놓은 상태에서, 푸시버튼 스위치 PB1을 누르면, 타이머 T, 릴레이 X, 플리커릴레이 FR이 여자되고, 플리커릴레이 FR의 설정시간 간격으로 전자접촉기 MC1과 MC2가 교대로 여자되어 전동기 M1, 램프 RL과 전동기 M2, 램프 GL이 교대로 동작한다.

(2) 자동 운전 동작 사항 나)의 (2)와 같다.

(3) 전동기가 운전하는 중 푸시버튼 스위치 PB0를 누르거나 셀렉터 스위치 SS를 A(자동) 위치에 놓으면, 제어회로 및 전동기의 동작은 모두 정지된다.

라) EOCR 동작 사항

(1) 전동기가 운전하는 중 전동기의 과부하로 과전류가 흐르면, 전자식과전류계전기 EOCR이 동작되어 전동기는 정지하고, 부저 BZ가 동작되고, 램프 YL이 점등된다.

(2) 전자식과전류계전기 EOCR을 리셋(RESET)하면 제어회로는 초기 상태로 복귀된다.

※ 동작 내용은 단순 참고 사항이며, 모든 동작은 시퀀스 회로를 기준으로 합니다.

국가기술자격 실기시험문제 ⑥

자격종목	전기기능사	과제명	전기 설비의 배선 및 배관 공사	척도	NS

1 배관 및 기구 배치도

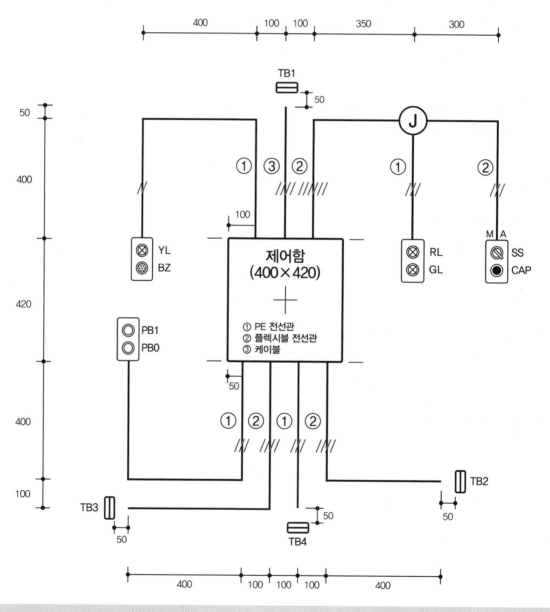

※ NOTE : 치수 기준점은 제어함의 중심으로 한다.

자격종목	전기기능사	과제명	전기 설비의 배선 및 배관 공사	척도	NS

2 제어판 내부 기구 배치도

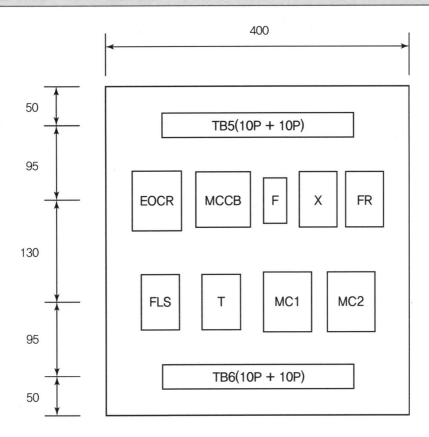

[범례]

기호	명칭	기호	명칭
TB1	전원(단자대 4P)	PB0	푸시버튼 스위치(적색)
TB2, TB3	전동기(단자대 4P)	PB1	푸시버튼 스위치(녹색)
TB4	플로트레스(단자대 4P)	SS	셀렉터 스위치
TB5, TB6	단자대(10P + 10P)	YL	램프(황색)
MC1, MC2	전자접촉기(12P)	GL	램프(녹색)
EOCR	EOCR(12P)	RL	램프(적색)
X	릴레이(8P)	BZ	부저
T	타이머(8P)	CAP	홀마개
FR	플리커릴레이(8P)	□	8각 박스
FLS	플로트레스 스위치(8P)	F	퓨즈 및 퓨즈홀더
MCCB	배선용차단기		

3 제어회로의 시퀀스 회로도

※ 본 도면은 시험을 위해서 임의 구성한 것으로 상용도면과 상이할 수 있습니다.

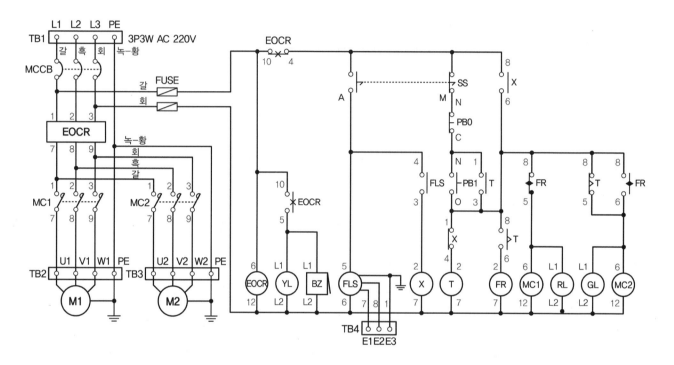

※ NOTE
- 플로트레스 스위치 FLS에서 TB4로 배선되는 E1, E2, E3는 보조회로 전선을 사용합니다.
- 플로트레스 스위치 FLS의 보호도체(접지) 결선은 제어판(TB6 또는 FLS 소켓)에서 보호도체 회로 전선으로 실시합니다.

YL/ BZ	YL/ BZ		L1	L2	L3	PE		RL	GL	공 통		S/S	S/S	S/S				
L1	L2							L1	L1	L2		공 통	M	A				

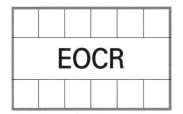

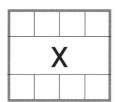

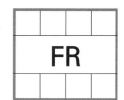

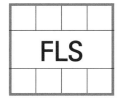

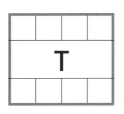

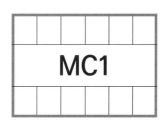

PB 0	공 통	PB 1		U2	V2	W2	PE		E1	E2	E3		U1	V1	W1	PE	

자격종목	전기기능사	과제명	전기 설비의 배선 및 배관 공사	척도	NS

4 제어회로의 동작 사항

가) MCCB를 통해 전원을 투입하면, 전자식과전류계전기 EOCR에 전원이 공급된다.

나) 자동 운전 동작 사항

(1) 셀렉터 스위치 SS를 A(자동) 위치에 놓으면 플로트레스 스위치 FLS에 전원이 공급되고, 플로트레스 스위치 FLS의 수위 감지가 동작되면, 릴레이 X, MC1, MC2가 여자되어, 전동기 M1, M2가 회전하고 램프 RL, GL이 점등된다.

(2) 전동기가 운전하는 중 플로트레스 스위치 FLS의 수위 감지가 해제되거나 셀렉터 스위치 SS를 M(수동) 위치에 놓으면, 제어회로 및 전동기의 동작은 모두 정지된다.

다) 수동 운전 동작 사항

(1) 셀렉터 스위치 SS를 M(수동) 위치에 놓은 상태에서, 푸시버튼 스위치 PB1을 누르면, 타이머 T, MC1, MC2가 여자되어, 전동기 M1, M2가 회전하고 램프 RL, GL이 점등된다.

(2) 타이머 T의 설정시간 t초 후, 전자접촉기 MC2가 소자되어, 전동기 M2가 정지하고 램프 GL이 소등되며, 플리커릴레이 FR이 여자되고, 플리커릴레이 FR의 설정시간 간격으로 전자접촉기 MC1과 MC2가 교대로 여자되어 전동기 M1, 램프 RL과 전동기 M2, 램프 GL이 교대로 동작한다.

(3) 전동기가 운전하는 중 푸시버튼 스위치 PB0를 누르거나 셀렉터 스위치 SS를 A(자동) 위치에 놓으면, 제어회로 및 전동기의 동작은 모두 정지된다.

라) EOCR 동작 사항

(1) 전동기가 운전하는 중 전동기의 과부하로 과전류가 흐르면, 전자식과전류계전기 EOCR이 동작되어 전동기는 정지하고, 부저 BZ가 동작되고, 램프 YL이 점등된다.

(2) 전자식과전류계전기 EOCR을 리셋(RESET)하면 제어회로는 초기 상태로 복귀된다.

※ 동작 내용은 단순 참고 사항이며, 모든 동작은 시퀀스 회로를 기준으로 합니다.

국가기술자격 실기시험문제 ⑦

자격종목	전기기능사	과제명	전기 설비의 배선 및 배관 공사	척도	NS

1 배관 및 기구 배치도

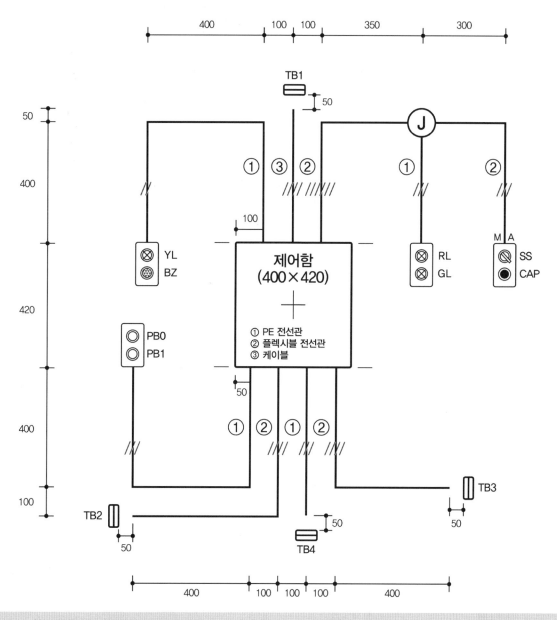

※ NOTE : 치수 기준점은 제어함의 중심으로 한다.

2 제어판 내부 기구 배치도

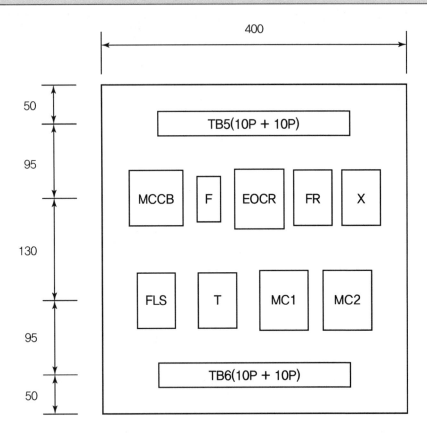

[범례]

기호	명칭	기호	명칭
TB1	전원(단자대 4P)	PB0	푸시버튼 스위치(적색)
TB2, TB3	전동기(단자대 4P)	PB1	푸시버튼 스위치(녹색)
TB4	플로트레스(단자대 4P)	SS	셀렉터 스위치
TB5, TB6	단자대(10P + 10P)	YL	램프(황색)
MC1, MC2	전자접촉기(12P)	GL	램프(녹색)
EOCR	EOCR(12P)	RL	램프(적색)
X	릴레이(8P)	BZ	부저
T	타이머(8P)	CAP	홀마개
FR	플리커릴레이(8P)	□	8각 박스
FLS	플로트레스 스위치(8P)	F	퓨즈 및 퓨즈홀더
MCCB	배선용차단기		

3 제어회로의 시퀀스 회로도

※ 본 도면은 시험을 위해서 임의 구성한 것으로 상용도면과 상이할 수 있습니다.

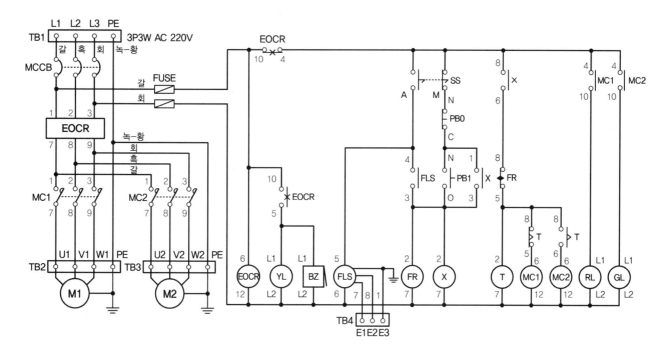

※ NOTE
- 플로트레스 스위치 FLS에서 TB4로 배선되는 E1, E2, E3는 보조회로 전선을 사용합니다.
- 플로트레스 스위치 FLS의 보호도체(접지) 결선은 제어판(TB6 또는 FLS 소켓)에서 보호도체 회로 전선으로 실시합니다.

YL/BZ	YL/BZ		L1	L2	L3	PE		RL	GL	공통		S/S	S/S	S/S				
L1	L2							L1	L1	L2		공통	M	A				

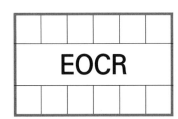

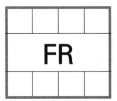

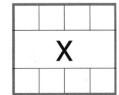

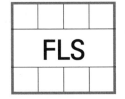

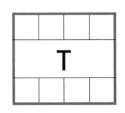

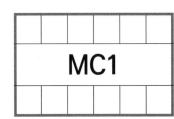

PB0	공통	PB1		U1	V1	W1	PE		E1	E2	E3		U2	V2	W2	PE	
N	CN	O															

4 제어회로의 동작 사항

가) MCCB를 통해 전원을 투입하면, 전자식과전류계전기 EOCR에 전원이 공급된다.

나) 초기 운전 조건 : 타이머 T의 설정시간은 플리커릴레이 FR의 설정시간보다 작아야 한다(즉, 타이머 설정시간 〈 플리커릴레이 설정시간).

다) 자동 운전 동작 사항

(1) 셀렉터 스위치 SS를 A(자동) 위치에 놓으면 플로트레스 스위치 FLS에 전원이 공급되고, 플로트레스 스위치 FLS의 수위 감지가 동작되면, 릴레이 X, 플리커릴레이 FR, 타이머 T, 전자접촉기 MC1이 여자되어, 전동기 M1이 회전하고 램프 RL이 점등된다.

(2) 플리커릴레이 FR의 설정시간 동안 타이머 T, 전자접촉기 MC1이 여자되고, 타이머 T의 설정시간 t초 후, 전자접촉기 MC1이 소자되고, 전자접촉기 MC2가 여자된다.

아래의 ① → ② → ③의 순으로 계속 반복 동작한다.

① 전동기 M1이 회전하고 램프 RL이 점등

② 전동기 M1이 정지, M2가 회전하고 램프 RL이 소등, GL이 점등

③ 전동기 M1과 M2가 정지하고 램프 RL과 GL이 소등

(3) 전동기가 운전하는 중 플로트레스 스위치 FLS의 수위 감지가 해제되거나 셀렉터 스위치 SS를 M(수동) 위치에 놓으면, 제어회로 및 전동기의 동작은 모두 정지된다.

라) 수동 운전 동작 사항

(1) 셀렉터 스위치 SS를 M(수동) 위치에 놓은 상태에서, 푸시버튼 스위치 PB1을 누르면, 릴레이 X, 플리커릴레이 FR, 타이머 T, 전자접촉기 MC1이 여자되어, 전동기 M1이 회전하고 램프 RL이 점등된다.

(2) 자동 운전 동작 사항 다)의 (2)와 같다.

(3) 전동기가 운전하는 중 푸시버튼 스위치 PB0를 누르거나 셀렉터 스위치 SS를 A(자동) 위치에 놓으면, 제어회로 및 전동기의 동작은 모두 정지된다.

마) EOCR 동작 사항

(1) 전동기가 운전하는 중 전동기의 과부하로 과전류가 흐르면, 전자식과전류계전기 EOCR이 동작되어 전동기는 정지하고, 부저 BZ가 동작되고, 램프 YL이 점등된다.

(2) 전자식과전류계전기 EOCR을 리셋(RESET)하면 제어회로는 초기 상태로 복귀된다.

※ 동작 내용은 단순 참고 사항이며, 모든 동작은 시퀀스 회로를 기준으로 합니다.

자격종목	전기기능사	과제명	전기 설비의 배선 및 배관 공사	척도	NS

1 배관 및 기구 배치도

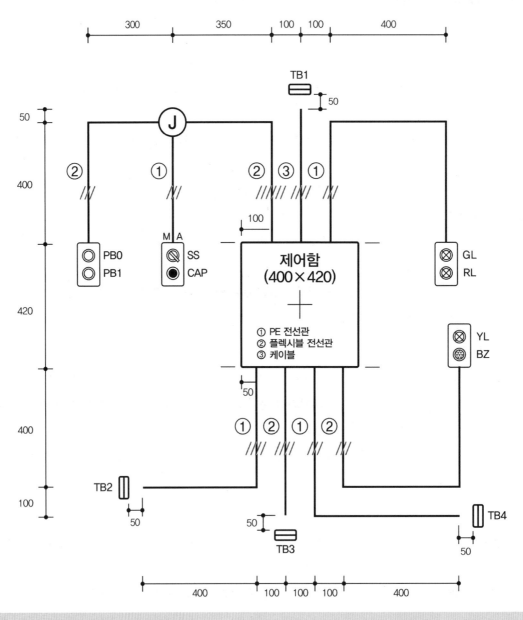

※ NOTE : 치수 기준점은 제어함의 중심으로 한다.

자격종목	전기기능사	과제명	전기 설비의 배선 및 배관 공사	척도	NS

2 제어판 내부 기구 배치도

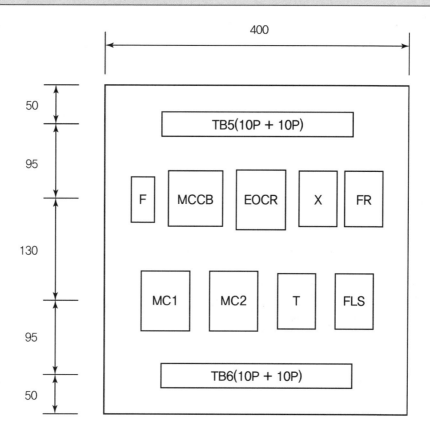

[범례]

기호	명칭	기호	명칭
TB1	전원(단자대 4P)	PB0	푸시버튼 스위치(적색)
TB2, TB3	전동기(단자대 4P)	PB1	푸시버튼 스위치(녹색)
TB4	플로트레스(단자대 4P)	SS	셀렉터 스위치
TB5, TB6	단자대(10P + 10P)	YL	램프(황색)
MC1, MC2	전자접촉기(12P)	GL	램프(녹색)
EOCR	EOCR(12P)	RL	램프(적색)
X	릴레이(8P)	BZ	부저
T	타이머(8P)	CAP	홀마개
FR	플리커릴레이(8P)	□	8각 박스
FLS	플로트레스 스위치(8P)	F	퓨즈 및 퓨즈홀더
MCCB	배선용차단기		

3 제어회로의 시퀀스 회로도

※ 본 도면은 시험을 위해서 임의 구성한 것으로 상용도면과 상이할 수 있습니다.

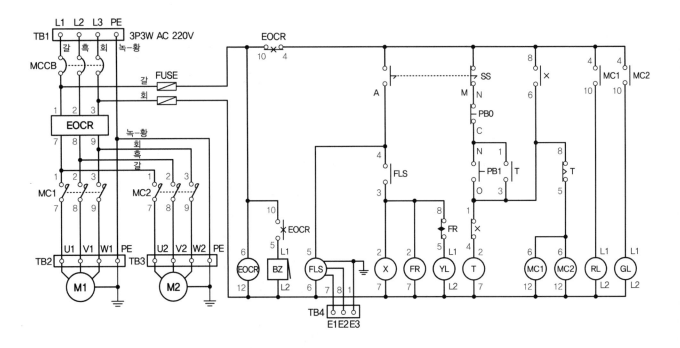

※ NOTE
- 플로트레스 스위치 FLS에서 TB4로 배선되는 E1, E2, E3는 보조회로 전선을 사용합니다.
- 플로트레스 스위치 FLS의 보호도체(접지) 결선은 제어판(TB6 또는 FLS 소켓)에서 보호도체 회로 전선으로 실시합니다.

PB 0	공통	PB 1		S/S	S/S	S/S		L1	L2	L3	PE		RL	GL	공통			
N	CN	O		공통	M	A							L1	L1	L2			

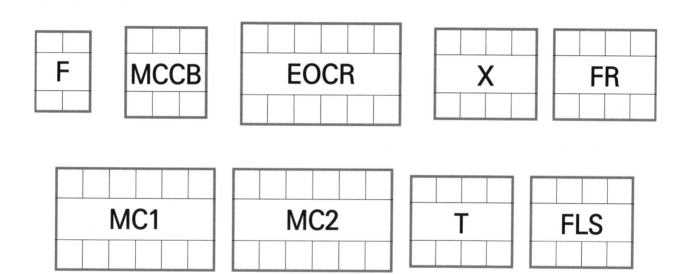

U1	V1	W1	PE		U2	V2	W2	PE		E1	E2	E3		YL	BZ	공통		
														L1	L1	L2		

자격종목	전기기능사	과제명	전기 설비의 배선 및 배관 공사	척도	NS

4 제어회로의 동작 사항

가) MCCB를 통해 전원을 투입하면, 전자식과전류계전기 EOCR에 전원이 공급된다.

나) 자동 운전 동작 사항

(1) 셀렉터 스위치 SS를 A(자동) 위치에 놓으면 플로트레스 스위치 FLS에 전원이 공급되고, 플로트레스 스위치 FLS의 수위 감지가 동작되면, 플리커릴레이 FR, 릴레이 X, 전자접촉기 MC1, MC2가 여자되어, 전동기 M1, M2가 회전하고 램프 RL, GL, YL이 점등된다.

(2) 플리커릴레이 FR의 설정시간 간격으로 램프 YL이 점멸된다.

(3) 전동기가 운전하는 중 플로트레스 스위치 FLS의 수위 감지가 해제되거나 셀렉터 스위치 SS를 M(수동) 위치에 놓으면, 제어회로 및 전동기의 동작은 모두 정지된다.

다) 수동 운전 동작 사항

(1) 셀렉터 스위치 SS를 M(수동) 위치에 놓은 상태에서, 푸시버튼 스위치 PB1을 누르면, 타이머 T, 전자접촉기 MC1, MC2가 여자되어, 전동기 M1, M2가 회전하고 램프 RL, GL이 점등된다.

(2) 타이머 T의 설정시간 t초 후, 전자접촉기 MC1, MC2가 소자되어, 전동기 M1, M2가 정지하고 램프 RL, GL이 소등된다.

(3) 전동기가 운전하는 중 또는 타이머에 의해 정지된 상태에서 푸시버튼 스위치 PB0를 누르거나 셀렉터 스위치 SS를 A(자동) 위치에 놓으면, 제어회로 및 전동기의 동작은 모두 정지된다.

라) EOCR 동작 사항

(1) 전동기가 운전하는 중 전동기의 과부하로 과전류가 흐르면, 전자식과전류계전기 EOCR이 동작되어 전동기는 정지하고, 부저 BZ가 동작된다.

(2) 전자식과전류계전기 EOCR을 리셋(RESET)하면 제어회로는 초기 상태로 복귀된다.

※ 동작 내용은 단순 참고 사항이며, 모든 동작은 시퀀스 회로를 기준으로 합니다.

국가기술자격 실기시험문제 ⑨

자격종목	전기기능사	과제명	전기 설비의 배선 및 배관 공사	척도	NS

1 배관 및 기구 배치도

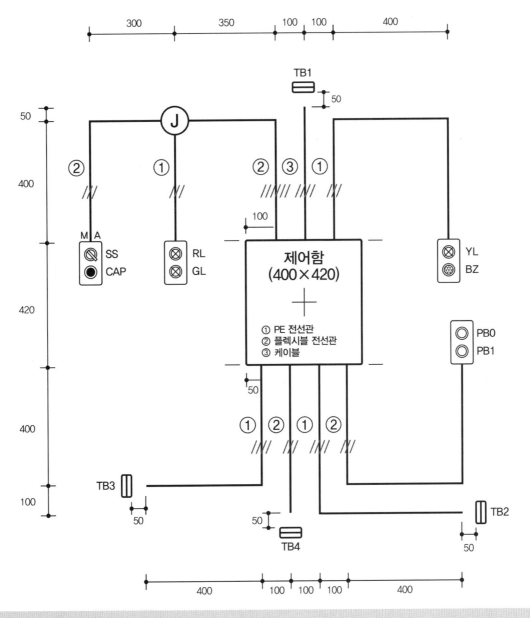

※ NOTE : 치수 기준점은 제어함의 중심으로 한다.

자격종목	전기기능사	과제명	전기 설비의 배선 및 배관 공사	척도	NS

2 제어판 내부 기구 배치도

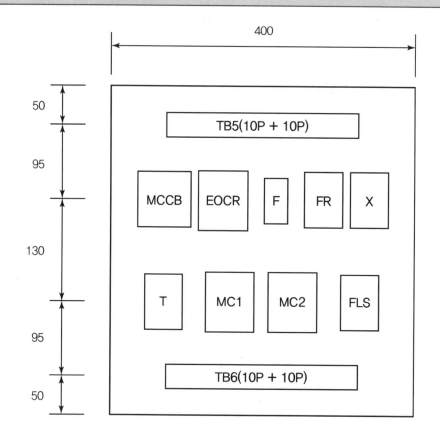

[범례]

기호	명칭	기호	명칭
TB1	전원(단자대 4P)	PB0	푸시버튼 스위치(적색)
TB2, TB3	전동기(단자대 4P)	PB1	푸시버튼 스위치(녹색)
TB4	플로트레스(단자대 4P)	SS	셀렉터 스위치
TB5, TB6	단자대(10P + 10P)	YL	램프(황색)
MC1, MC2	전자접촉기(12P)	GL	램프(녹색)
EOCR	EOCR(12P)	RL	램프(적색)
X	릴레이(8P)	BZ	부저
T	타이머(8P)	CAP	홀마개
FR	플리커릴레이(8P)	□	8각 박스
FLS	플로트레스 스위치(8P)	F	퓨즈 및 퓨즈홀더
MCCB	배선용차단기		

3 제어회로의 시퀀스 회로도

※ 본 도면은 시험을 위해서 임의 구성한 것으로 상용도면과 상이할 수 있습니다.

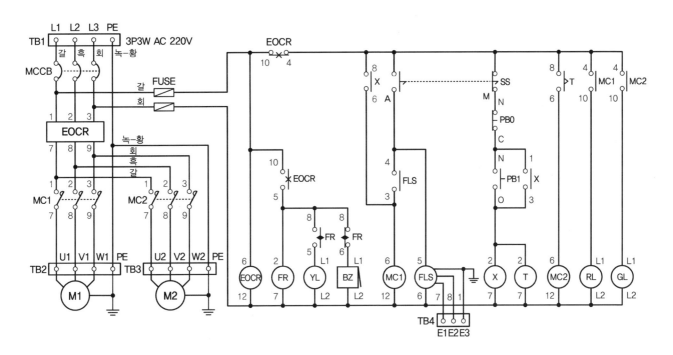

※ NOTE
  - 플로트레스 스위치 FLS에서 TB4로 배선되는 E1, E2, E3는 보조회로 전선을 사용합니다.
  - 플로트레스 스위치 FLS의 보호도체(접지) 결선은 제어판(TB6 또는 FLS 소켓)에서 보호도체 회로 전선으로 실시합니다.

S/S	S/S	S/S		RL	GL	공통		L1	L2	L3	PE		YL	BZ	공통				
공통	M	A		L1	L1	L2							L1	L1	L2				

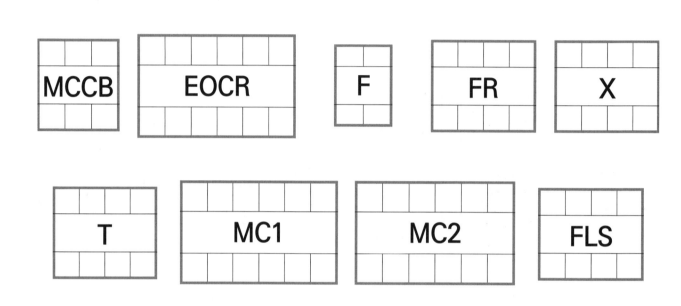

U2	V2	W2	PE		E1	E2	E3		U1	V1	W1	PE		PB0	공통	PB1		
														N	CN	O		

4 제어회로의 동작 사항

가) MCCB를 통해 전원을 투입하면, 전자식과전류계전기 EOCR에 전원이 공급된다.

나) 자동 운전 동작 사항

   (1) 셀렉터 스위치 SS를 A(자동) 위치에 놓으면 플로트레스 스위치 FLS에 전원이 공급되고, 플로트레스 스위치 FLS의 수위 감지가 동작되면, 전자접촉기 MC1이 여자되어, 전동기 M1이 회전하고 램프 RL이 점등된다.

   (2) 전동기가 운전하는 중 플로트레스 스위치 FLS의 수위 감지가 해제되거나 셀렉터 스위치 SS를 M(수동) 위치에 놓으면, 제어회로 및 전동기 M1은 정지된다.

다) 수동 운전 동작 사항

   (1) 셀렉터 스위치 SS를 M(수동) 위치에 놓은 상태에서, 푸시버튼 스위치 PB1을 누르면, 릴레이 X, 타이머 T, 전자접촉기 MC1이 여자되어, 전동기 M1이 회전하고 램프 RL이 점등된다.

   (2) 타이머 T의 설정시간 t초 후, 전자접촉기 MC2가 여자되어, 전동기 M2가 회전하고 램프 GL이 점등된다.

   (3) 전동기가 운전하는 중 푸시버튼 스위치 PB0를 누르거나 셀렉터 스위치 SS를 A(자동) 위치에 놓으면, 제어회로 및 전동기의 동작은 모두 정지된다.

라) EOCR 동작 사항

   (1) 전동기가 운전하는 중 전동기의 과부하로 과전류가 흐르면, 전자식과전류계전기 EOCR이 동작되어 전동기는 정지하고, 플리커릴레이 FR이 여자되고, 부저 BZ가 동작된다.

   (2) 플리커릴레이 FR의 설정시간 간격으로 부저 BZ와 램프 YL이 교대로 동작된다.

   (3) 전자식과전류계전기 EOCR을 리셋(RESET)하면 제어회로는 초기 상태로 복귀된다.

※ 동작 내용은 단순 참고 사항이며, 모든 동작은 시퀀스 회로를 기준으로 합니다.

PART 03

국가기술자격 실기시험문제(⑩~⑱)

자격종목	전기기능사	과제명	전기 설비의 배선 및 배관 공사

※ 문제지는 시험 종료 후 본인이 가져갈 수 있습니다.

※ 시험 시간 : 4시간 30분

1. 요구사항

가. 지급된 재료와 시험장 시설을 사용하여 제한 시간 내에 주어진 과제를 **안전에 유의**하여 완성하시오.

　(단, 지급된 재료와 도면에서 요구하는 재료가 서로 상이할 수 있으므로 도면을 참고하여 필요한 재료를 지급된 재료에서 선택하여 작품을 완성하시오.)

나. 배관 및 기구 배치 도면에 따라 배관 및 기구를 배치하시오.

　(단, 제어판을 제어함이라고 가정하고 전선관 및 케이블을 접속하시오.)

다. 전기 설비 운전 제어회로 구성

　1) 제어회로의 도면과 동작 사항을 참고하여 제어회로를 구성하시오.

　2) 전원 방식: 3상 3선식 220V

　3) 전동기의 접속은 생략하고 접속할 수 있게 단자대까지 배선하시오.

라. 특별히 명시되어 있지 않은 공사방법 등은 전기사업법령에 따른 행정규칙(전기설비기술기준, 한국전기설비규정(KEC))에 따릅니다.

2. 수험자 유의사항

※ 수험자 유의사항을 고려하여 요구사항을 완성하도록 합니다.

1) 시험 시작 전 지급된 재료의 이상 유무를 확인하고 이상이 있을 때에는 감독위원의 승인을 얻어 교환할 수 있습니다.

　(단, 시험 시작 후 파손된 재료는 수험자 부주의에 의해 파손된 것으로 간주되어 추가로 지급받지 못 합니다.)

2) 제어판을 포함한 작업판에서의 제반 치수는 mm이고, 치수 허용 오차는 외관(전선관, 케이블, 박스, 전원 및 부하 측 단자대 등)은 ±30mm, 제어판 내부는 ±5mm입니다.

　(단, 치수는 도면에 표시된 사항에 의하며 표시되지 않은 경우 부품의 중심을 기준으로 합니다.)

3) 전선관 및 케이블의 수직과 수평을 맞추어 작업하고, 전선관의 곡률 반지름은 전선관 안지름의 6배 이상, 8배 이하로 작업해야 합니다.

자격종목	전기기능사	과제명	전기 설비의 배선 및 배관 공사

4) 기구(컨트롤 박스, 8각 박스, 제어판, 단자대)와 전선관 및 케이블이 접속되는 부분에서 가까운 곳(300mm 이하)에 새들을 설치하고 전선관 및 케이블이 작업판에서 뜨지 않도록 새들을 적절히 배치하여 튼튼하게 고정합니다.
(단, 굴곡부가 없는 배관에서 기구와 기구 끝단 사이의 치수가 400mm 미만이면 새들 1개도 가능하고, 새들로 고정 시 나사를 2개 모두 체결해야 고정된 것으로 인정)

5) 기구(컨트롤 박스, 8각 박스, 제어판)와 전선관 및 케이블이 접속되는 부분에 전선관 및 케이블용 커넥터를 사용하고 제어판에 전선관 및 케이블용 커넥터를 5mm 정도 올리고 새들로 고정해야 합니다.
(단, 단자대와 전선관 또는 케이블이 접속되는 부분에 전선관 및 케이블용 커넥터를 사용하는 것을 금지합니다.)

6) 전선의 열적 용량에 대한 전선관의 용적률은 고려하지 않습니다.

7) 컨트롤 박스에서 사용하지 않는 **홀(구멍)에 홀마개를 설치**합니다.

8) 제어판 내의 기구는 기구 배치도와 같이 균형 있게 배치하고 흔들림이 없도록 고정합니다.

9) 소켓(베이스)에 채점용 기기가 들어갈 수 있도록 작업합니다.

10) 제어판 배선은 미관을 고려하여 전면에 노출 배선(수평수직)하고 전선의 흐트러짐 등이 없도록 케이블 타이를 이용하여 균형 있게 배선합니다.
(단, 제어판 배선 시 **기구와 기구 사이의 배선을 금지**합니다.)

11) 주회로는 2.5mm^2(1/1.78)전선, 보조회로는 1.5mm^2(1/1.38) 전선(황색)을 사용하고 주회로의 전선 색상은 **L1은 갈색, L2는 흑색, L3는 회색**을 사용합니다.

12) 보호도체(접지) 회로는 **2.5mm^2(1/1.78) 녹색-황색 전선**으로 배선해야 합니다.

13) 퓨즈홀더 1차 측 주회로는 각각 **2.5mm^2(1/1.78) 갈색과 회색 전선**을 사용하고, 퓨즈홀더 2차 측 보조회로는 **1.5mm^2(1/1.38) 황색 전선**을 사용하고, 퓨즈홀더에는 퓨즈를 끼워 놓아야 합니다.

14) 케이블의 색상이 주회로 색상과 상이한 경우 감독위원이 지정한 색상으로 대체합니다.
(단, 보호도체(접지) 회로 전선은 제외)

15) 단자에 전선을 접속하는 경우 나사를 견고하게 조입니다. 단자 조임 불량이란 피복이 제거된 나선이 2mm 이상 보이거나, 피복이 단자에 물린 경우를 말합니다.
(단, **한 단자에 전선 3가닥 이상 접속하는 것을 금지**합니다.)

자격종목	전기기능사	과제명	전기 설비의 배선 및 배관 공사

16) 전원과 부하(전동기) 측 단자대, 리밋스위치의 단자대, 플로트레스 스위치의 단자대는 가로인 경우 왼쪽부터 세로인 경우 위쪽부터 각각 "L1, L2, L3, PE(보호도체)"의 순서, "U(X), V(Y), W(Z), PE(보호도체)"의 순서, "LS1, LS2"의 순서, "E1, E2, E3"의 순서로 결선합니다.

17) 배선점검은 회로시험기 또는 벨시험기만을 가지고 확인할 수 있고, 전원을 투입한 동작시험은 할 수 없습니다.

18) 전원 측 단자대는 동작시험을 할 수 있도록 전원선의 색상에 맞추어 100mm 정도 인출하고 피복은 전선 끝에서 약 10mm 정도 벗겨둡니다.

19) 전자접촉기, 타이머, 릴레이 등의 소켓(베이스)의 방향은 기구의 내부 결선도 및 구성도를 참고하여 홈이 아래로 향하도록 배치하고, 소켓 번호에 유의하여 작업합니다.

   ※ 기구의 내부 결선도 및 구성도와 지급된 채점용 기구 및 소켓(베이스)이 상이할 경우 감독위원의 지시에 따라 작업합니다.

20) 8P 소켓을 사용하는 기구(타이머, 릴레이, 플리커릴레이, 온도릴레이, 플로트레스 등)는 기구의 구분 없이 지급된 8P 소켓(베이스)을 적용하여 작업합니다.

   (각 기구에 해당하는 소켓을 고려하지 않고 모두 동일하게 적용합니다.)

21) 보호도체(접지)의 결선은 도면에 표시된 부분만 실시하고, 보호도체(접지)는 입력(전원) 단자대에서 제어판 내의 단자대를 거쳐 출력(부하) 단자대까지 결선하며, 도면에 별도로 표시하지 않더라도 모든 보호도체(접지)는 입력 단자대의 보호도체 단자(PE)와 연결되어야 합니다.

   ※ 기타 외부로의 보호도체(접지)의 결선은 실시하지 않아도 됩니다.

22) 기타 공사 방법 등은 감독위원의 지시사항을 준수하여 작업하며, 작업에 대한 문의사항은 시험 시작 전 질의하도록 하고 시험 진행 중에는 질의를 삼가도록 합니다.

23) 특별히 지정한 것 이외에는 전기사업법령에 따른 행정규칙(전기설비기술기준, 한국전기설비규정(KEC))에 의하되 외관이 보기 좋아야 하며 **안전성**이 있어야 합니다.

24) **시험 중 수험자는 반드시 안전 수칙을 준수해야 하며, 작업 복장 상태와 안전 사항 등이 채점대상이 됩니다.**

25) **다음 사항은 실격에 해당하여 채점 대상에서 제외됩니다.**

   가) 과제 진행 중 수험자 스스로 작업에 대한 포기 의사를 표현한 경우

   나) 지급재료 이외의 재료를 사용한 작품

   다) 시험 중 시설·장비의 조작 또는 재료의 취급이 미숙하여 위해를 일으킬 것으로 감독위원 전원이 합의하여 판단한 경우

   라) 기능이 해당 등급 수준에 전혀 도달하지 못한 것으로 감독위원 전원이 합의하여 판단한 경우

   마) 시험 관련 부정에 해당하는 장비(기기)·재료 등을 사용하는 것으로 감독위원 전원이 합의하여 판단한 경우
   (시험 전 사전 준비작업 및 범용 공구가 아닌 시험에 최적화된 공구는 사용할 수 없음)

자격종목	전기기능사	과제명	전기 설비의 배선 및 배관 공사

바) 시험 시간 내에 제출된 작품이라도 다음과 같은 경우

  (1) 제출된 과제가 도면 및 배치도, 시퀀스 회로도의 동작사항, 부품의 방향, 결선 상태 등이 상이한 경우 (전자접촉기, 타이머, 릴레이, 푸시버튼 스위치 및 램프 색상 등)

  (2) **주회로(갈색, 흑색, 회색)** 및 **보조회로(황색)** 배선의 전선 굵기 및 색상이 도면 및 유의사항과 상이한 경우

  (3) 제어판 밖으로 인출되는 배선이 제어판 내의 단자대를 거치지 않고 직접 접속된 경우

  (4) 제어판 내의 배선상태나 전선관 및 케이블 가공 상태가 불량하여 전기 공급이 불가한 경우

  (5) 제어판 내의 배선상태나 **기구의 접속 불가 등으로** 동작 상태의 확인이 불가한 경우

  (6) 보호도체(접지)의 결선을 하지 않은 경우와 **보호도체(접지) 회로(녹색–황색)** 배선의 전선 굵기 및 색상이 도면 및 유의사항과 다른 경우

    (단, 전동기로 출력되는 부분은 생략)

  (7) 컨트롤박스 커버 등이 조립되지 않아 내부가 보이는 경우

  (8) 배관 및 기구 배치도에서 허용오차 ±50mm를 넘는 곳이 3개소 이상, ±100mm를 넘는 곳이 1개소 이상인 경우

    (단, 박스, 단자대, 전선관, 케이블 등이 도면 치수를 벗어나는 경우 개별 개소로 판정)

  (9) 기구(컨트롤 박스, 8각 박스, 제어판)와 전선관 및 케이블이 접속되는 부분에 전선관 및 케이블용 커넥터를 정상 접속하지 않은 경우**(미접속 및 불필요한 접속 포함)**

  (10) 기구(컨트롤 박스, 8각 박스, 제어판, 단자대)와 전선관 및 케이블이 접속되는 부분에서 가까운 곳 (300 mm 이하)에 새들의 고정나사가 1개소 이상 누락된 경우

    (단, 굴곡부가 없는 배관에서 기구와 기구 끝단 사이의 치수가 400mm 미만이면 새들 1개도 가능)

  (11) 전선관 및 케이블을 말아서 결선한 경우

  (12) 전원과 부하(전동기) 측 단자대에서 L1, L2, L3, PE(보호도체)의 배치 순서와 U(X), V(Y), W(Z), PE(보호도체)의 배치 순서가 유의사항과 상이한 경우, 리밋스위치 단자대에서 LS1, LS2의 배치 순서가 유의사항과 상이한 경우, 플로트레스 스위치 단자대에서 E1, E2, E3의 배치 순서가 유의사항과 상이한 경우

  (13) 한 단자에 전선 3가닥 이상 접속된 경우

  (14) 제어판 내의 배선 시 기구와 기구 사이로 수직 배선한 경우

  (15) 전기설비기술기준, 한국전기설비규정에 따라 공사를 진행하지 않은 경우

26) 시험 종료 후 완성작품에 한해서만 작동 여부를 감독위원으로부터 확인받을 수 있습니다.

[기구의 내부 결선도 및 구성도]

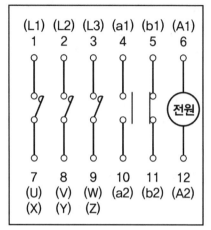

[전자접촉기]

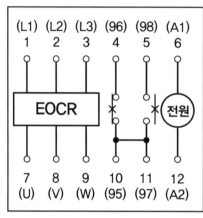

[EOCR]

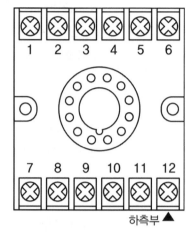

[12P 소켓(베이스) 구성도]

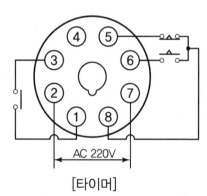

[타이머]

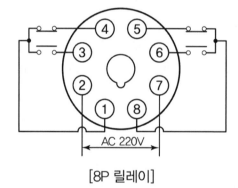

[8P 릴레이]

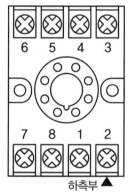

[8P 소켓(베이스) 구성도]

[지급재료 목록]	자격종목	전기기능사			
일련 번호	재료명	규격	단위	수량	비고
1	합판	400×420×12mm	장	1	
2	케이블타이	100mm	개	25	
3	나사못	3.5×25	개	4	납작머리
4	나사못	4×12	개	96	납작머리
5	나사못	4×16	개	16	둥근머리
6	나사못	4×20	개	18	둥근머리
7	케이블	4C 2.5mm^2	m	1	
8	케이블 새들	4C 케이블용	개	2	
9	케이블 커넥터	4C 케이블용	개	1	
10	유리관 퓨즈 및 홀더	250V 30A	개	1	퓨즈 10A 2개 포함
11	새들	16mm 전선관용	개	40	
12	8각 박스	철제	개	1	
13	PE 전선관	16mm	m	6	
14	플렉시블 전선관	16mm	m	6	
15	커넥터	16mm	개	7	PE 전선관용
16	커넥터	16mm	개	7	플렉시블 전선관용
17	비닐절연전선	1.5mm^2(1/1.38), 황색	m	50	
18	비닐절연전선	2.5mm^2(1/1.78), 갈색	m	5	
19	비닐절연전선	2.5mm^2(1/1.78), 흑색	m	5	
20	비닐절연전선	2.5mm^2(1/1.78), 회색	m	5	
21	비닐절연전선	2.5mm^2(1/1.78), 녹색-황색	m	5	
22	단자대	10P 20A 220V	개	4	
23	단자대	4P 20A 220V	개	4	
24	배선용차단기	3P, AC250V, 30A	개	1	
25	12P 소켓	12P	개	3	12P 기구 겸용

[지급재료 목록]		자격종목	전기기능사		
일련 번호	재료명	규격	단위	수량	비고
26	8P 소켓	8P	개	4	8P 기구 겸용
27	램프	25∅, 220V	개	4	적1, 녹1, 황1, 백1
28	푸시버튼 스위치	25∅, 1a1b	개	3	적1, 녹2
29	컨트롤 박스	25∅, 2구	개	4	
30	홀마개	25∅	개	1	재사용
31	전자접촉기	AC220V, 12P	개	2	채점용
32	EOCR	AC220V, 12P	개	1	채점용
33	타이머	AC220V, 8P	개	2	채점용
34	릴레이	AC220V, 8P	개	2	채점용

※ 국가기술자격 실기시험 지급재료는 시험종료 후(기권, 결시자 포함) 수험자에게 지급하지 않습니다.

국가기술자격 실기시험문제 ❿

자격종목	전기기능사	과제명	전기 설비의 배선 및 배관 공사	척도	NS

1 배관 및 기구 배치도

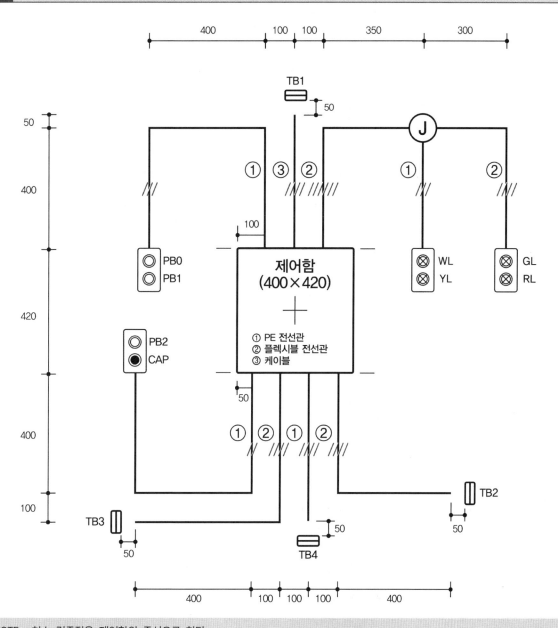

※ NOTE : 치수 기준점은 제어함의 중심으로 한다.

2 제어판 내부 기구 배치도

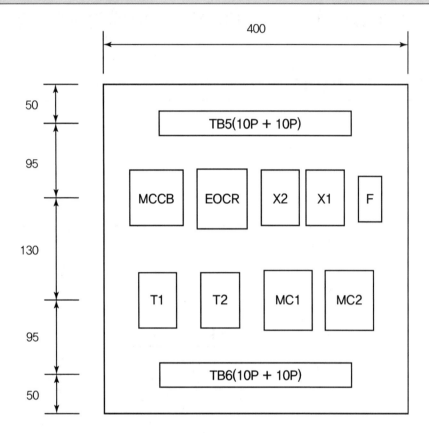

[범례]

기호	명칭	기호	명칭
TB1	전원(단자대 4P)	PB0	푸시버튼 스위치(적색)
TB2, TB3	전동기(단자대 4P)	PB1	푸시버튼 스위치(녹색)
TB4	LS1, LS2(단자대 4P)	PB2	푸시버튼 스위치(녹색)
TB5, TB6	단자대(10P + 10P)	YL	램프(황색)
MC1, MC2	전자접촉기(12P)	GL	램프(녹색)
EOCR	EOCR(12P)	RL	램프(적색)
X1, X2	릴레이(8P)	WL	램프(백색)
T1, T2	타이머(8P)	CAP	홀마개
F	퓨즈 및 퓨즈홀더	□	8각 박스
MCCB	배선용차단기		

3 제어회로의 시퀀스 회로도

※ 본 도면은 시험을 위해서 임의 구성한 것으로 상용도면과 상이할 수 있습니다.

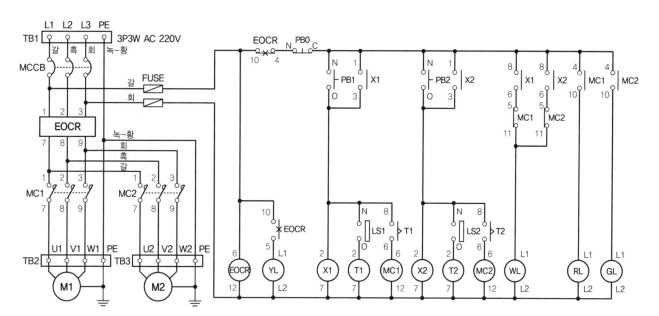

PB0	공통	PB1		L1	L2	L3	PE		WL	YL	공통		RL	GL	공통				
N	CN	O							L1	L1	L2		L1	L1	L2				

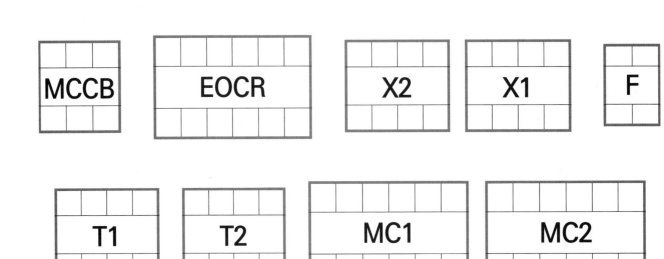

PB2	PB2		U2	V2	W2	PE		LS1	LS1	LS2	LS2		U1	V1	W1	PE			
N	O							N	O	N	O								

자격종목	전기기능사	과제명	전기 설비의 배선 및 배관 공사	척도	NS

4 제어회로의 동작 사항

가) MCCB를 통해 전원을 투입하면, 전자식과전류계전기 EOCR에 전원이 공급된다.

나) 푸시버튼 스위치 PB1 동작 사항

(1) 푸시버튼 스위치 PB1을 누르면, 릴레이 X1이 여자되어, 램프 WL이 점등된다.

(2) 릴레이 X1이 여자된 상태에서 리밋스위치 LS1이 감지되면, 타이머 T1이 여자된다.

(3) 타이머 T1의 설정시간 t1초 후, 전자접촉기 MC1이 여자되어, 전동기 M1이 회전하고, 램프 RL이 점등, 램프 WL이 소등된다.

(4) 전동기 M1이 회전하는 중, 리밋스위치 LS1의 감지가 해제되면, 타이머 T1, 전자접촉기 MC1이 소자되어, 전동기 M1은 정지하고 램프 RL은 소등, 램프 WL은 점등된다.

다) 푸시버튼 스위치 PB2 동작 사항

(1) 푸시버튼 스위치 PB2를 누르면, 릴레이 X2가 여자되어, 램프 WL이 점등된다.

(2) 릴레이 X2가 여자된 상태에서 리밋스위치 LS2가 감지되면, 타이머 T2가 여자된다.

(3) 타이머 T2의 설정시간 t2초 후, 전자접촉기 MC2가 여자되어, 전동기 M2가 회전하고, 램프 GL이 점등, 램프 WL이 소등된다.

(4) 전동기 M2가 회전하는 중, 리밋스위치 LS2의 감지가 해제되면, 타이머 T2, 전자접촉기 MC2가 소자되어, 전동기 M2는 정지하고 램프 GL은 소등, 램프 WL은 점등된다.

라) 제어회로가 동작하는 중 푸시버튼 스위치 PB0를 누르면, 제어회로 및 전동기 동작은 모두 정지된다.

마) EOCR 동작 사항

(1) 전동기가 운전하는 중 전동기의 과부하로 과전류가 흐르면, 전자식과전류계전기 EOCR이 동작되어 전동기는 정지하고, 램프 YL이 점등된다.

(2) 전자식과전류계전기 EOCR을 리셋(RESET)하면 제어회로는 초기 상태로 복귀된다.

※ 동작 내용은 단순 참고 사항이며, 모든 동작은 시퀀스 회로를 기준으로 합니다.

국가기술자격 실기시험문제 ⑪

자격종목	전기기능사	과제명	전기 설비의 배선 및 배관 공사	척도	NS

1 배관 및 기구 배치도

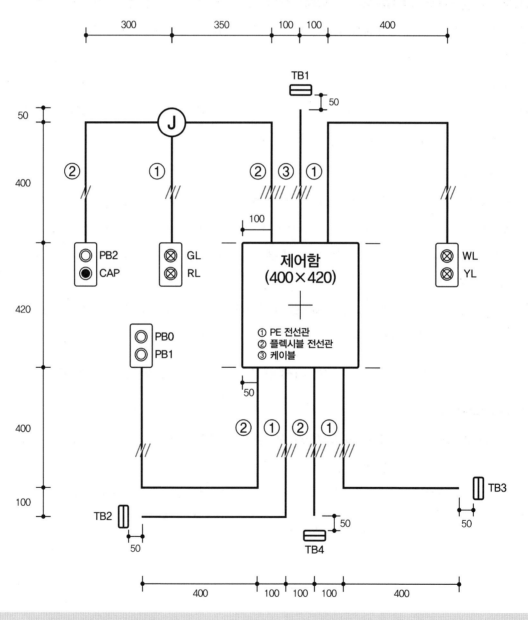

※ NOTE : 치수 기준점은 제어함의 중심으로 한다.

자격종목	전기기능사	과제명	전기 설비의 배선 및 배관 공사	척도	NS

2 제어판 내부 기구 배치도

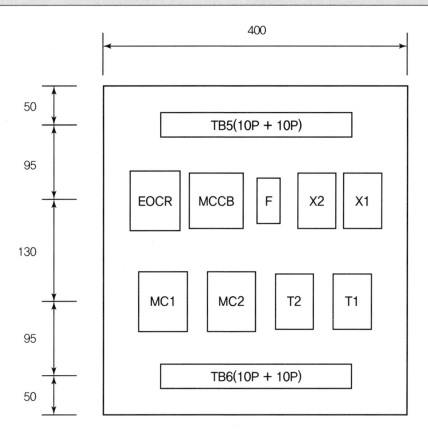

[범례]

기호	명칭	기호	명칭
TB1	전원(단자대 4P)	PB0	푸시버튼 스위치(적색)
TB2, TB3	전동기(단자대 4P)	PB1	푸시버튼 스위치(녹색)
TB4	LS1, LS2(단자대 4P)	PB2	푸시버튼 스위치(녹색)
TB5, TB6	단자대(10P + 10P)	YL	램프(황색)
MC1, MC2	전자접촉기(12P)	GL	램프(녹색)
EOCR	EOCR(12P)	RL	램프(적색)
X1, X2	릴레이(8P)	WL	램프(백색)
T1, T2	타이머(8P)	CAP	홀마개
F	퓨즈 및 퓨즈홀더	□	8각 박스
MCCB	배선용차단기		

3 제어회로의 시퀀스 회로도

※ 본 도면은 시험을 위해서 임의 구성한 것으로 상용도면과 상이할 수 있습니다.

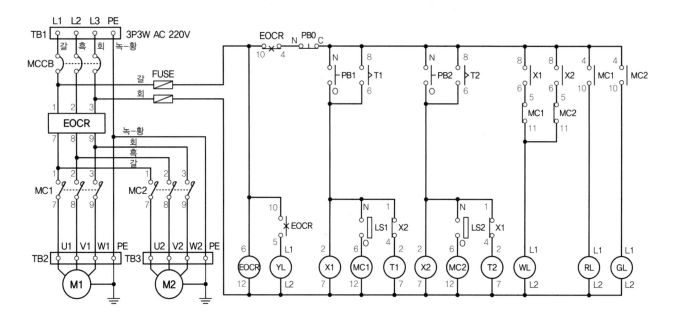

PB2	PB2		RL	GL	공통		L1	L2	L3	PE		WL	RL	공통			
N	O		L1	L1	L2							L1	L1	L2			

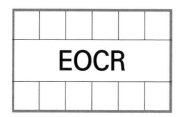

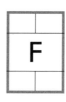

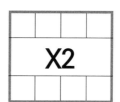

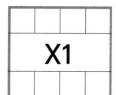

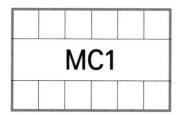

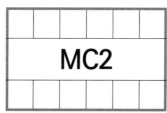

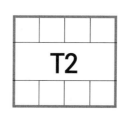

PB0	공통	PB1		U1	V1	W1	PE		LS1	LS1	LS2	LS2		U2	V2	W2	PE		
N	CN	O							N	O	N	O							

자격종목	전기기능사	과제명	전기 설비의 배선 및 배관 공사	척도	NS

4 제어회로의 동작 사항

가) MCCB를 통해 전원을 투입하면, 전자식과전류계전기 EOCR에 전원이 공급된다.

나) 푸시버튼 스위치 PB1 동작 사항

(1) 푸시버튼 스위치 PB1을 누르면, 릴레이 X1, 타이머 T1이 여자되어 램프 WL이 점등되고, 타이머 T1의 설정시간 t1초 이상 푸시버튼 스위치 PB1을 누르고 있어야 타이머 T1에 의해 회로가 자기유지된다.

(이때, 타이머 T2, 릴레이 X2가 소자된다.)

(2) 릴레이 X1이 여자된 상태에서 리밋스위치 LS1이 감지되면, 전자접촉기 MC1이 여자되어, 전동기 M1이 회전하고, 램프 RL이 점등, 램프 WL이 소등된다.

(3) 전동기 M1이 회전하는 중, 리밋스위치 LS1의 감지가 해제되면, 전자접촉기 MC1이 소자되어, 전동기 M1은 정지하고, 램프 RL은 소등, 램프 WL은 점등된다.

다) 푸시버튼 스위치 PB2 동작 사항

(1) 푸시버튼 스위치 PB2를 누르면, 릴레이 X2, 타이머 T2가 여자되며 램프 WL이 점등되고, 타이머 T2의 설정시간 t2초 이상 푸시버튼 스위치 PB2를 누르고 있어야 타이머 T2에 의해 회로가 자기유지된다.

(이때, 타이머 T1, 릴레이 X1이 소자된다.)

(2) 릴레이 X2가 여자된 상태에서 리밋스위치 LS2가 감지되면, 전자접촉기 MC2가 여자되어, 전동기 M2가 회전하고, 램프 GL이 점등, 램프 WL이 소등된다.

(3) 전동기 M2가 회전하는 중, 리밋스위치 LS2의 감지가 해제되면, 전자접촉기 MC2가 소자되어, 전동기 M2는 정지하고, 램프 GL은 소등, 램프 WL은 점등된다.

라) 제어회로가 동작하는 중 푸시버튼 스위치 PB0를 누르면, 제어회로 및 전동기 동작은 모두 정지된다.

마) EOCR 동작 사항

(1) 전동기가 운전하는 중 전동기의 과부하로 과전류가 흐르면, 전자식과전류계전기 EOCR이 동작되어 전동기는 정지하고, 램프 YL이 점등된다.

(2) 전자식과전류계전기 EOCR을 리셋(RESET)하면 제어회로는 초기 상태로 복귀된다.

※ 동작 내용은 단순 참고 사항이며, 모든 동작은 시퀀스 회로를 기준으로 합니다.

국가기술자격 실기시험문제 ⑫

자격종목	전기기능사	과제명	전기 설비의 배선 및 배관 공사	척도	NS

1 배관 및 기구 배치도

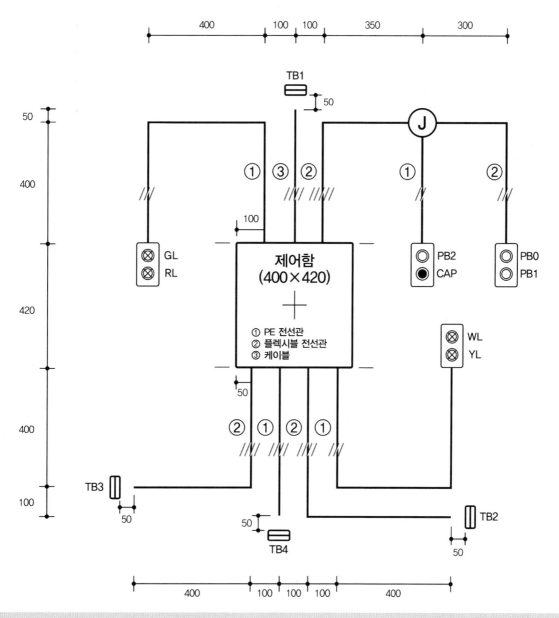

※ NOTE : 치수 기준점은 제어함의 중심으로 한다.

2 제어판 내부 기구 배치도

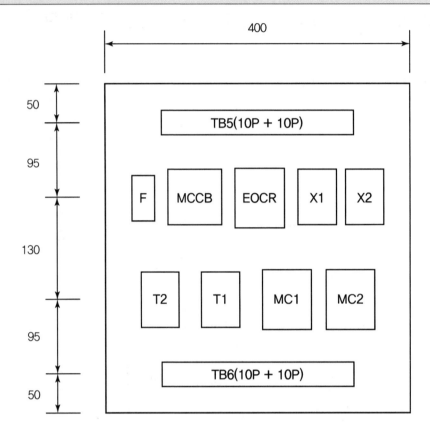

[범례]

기호	명칭	기호	명칭
TB1	전원(단자대 4P)	PB0	푸시버튼 스위치(적색)
TB2, TB3	전동기(단자대 4P)	PB1	푸시버튼 스위치(녹색)
TB4	LS1, LS2(단자대 4P)	PB2	푸시버튼 스위치(녹색)
TB5, TB6	단자대(10P + 10P)	YL	램프(황색)
MC1, MC2	전자접촉기(12P)	GL	램프(녹색)
EOCR	EOCR(12P)	RL	램프(적색)
X1, X2	릴레이(8P)	WL	램프(백색)
T1, T2	타이머(8P)	CAP	홀마개
F	퓨즈 및 퓨즈홀더	□	8각 박스
MCCB	배선용차단기		

자격종목	전기기능사	과제명	전기 설비의 배선 및 배관 공사	척도	NS

3 제어회로의 시퀀스 회로도

※ 본 도면은 시험을 위해서 임의 구성한 것으로 상용도면과 상이할 수 있습니다.

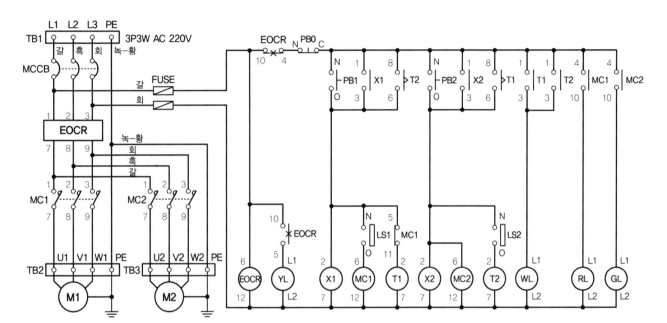

RL	GL	공통		L1	L2	L3	PE		PB2	PB2		PB0	공통	PB1				
									N	O		N	CN	O				

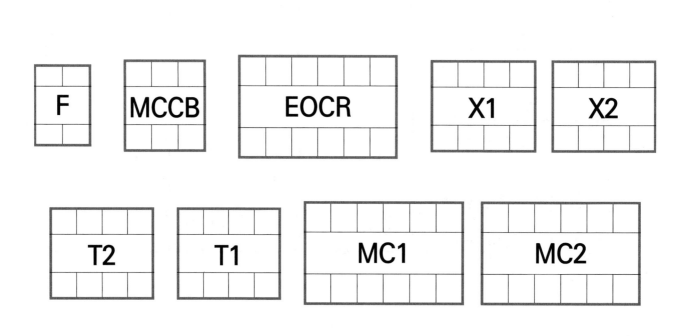

U2	V2	W2	PE		LS1	LS1	LS2	LS2		U1	V1	W1	PE		WL	YL	공통		
					N	O	N	O							L1	L1	L2		

자격종목	전기기능사	과제명	전기 설비의 배선 및 배관 공사	척도	NS

4 제어회로의 동작 사항

가) MCCB를 통해 전원을 투입하면, 전자식과전류계전기 EOCR에 전원이 공급된다.

나) 푸시버튼 스위치 PB1 동작 사항

(1) 푸시버튼 스위치 PB1을 누르면, 릴레이 X1, 타이머 T1이 여자되어, 램프 WL이 점등된다.

(2) 릴레이 X1이 여자된 상태

(가) 리밋스위치 LS1이 감지되면,

① 전자접촉기 MC1이 여자되어, 타이머 T1이 소자되며 전동기 M1이 회전하고, 램프 RL이 점등, WL이 소등된다.

② 전동기 M1이 회전하는 중, 리밋스위치 LS1의 감지가 해제되면, 타이머 T1이 여자, 전자접촉기 MC1이 소자되어, 전동기 M1은 정지하고 램프 RL은 소등, WL은 점등된다.

(나) 리밋스위치 LS1이 감지되지 않으면,

① 타이머 T1의 설정시간 t1초 후, 릴레이 X2, 전자접촉기 MC2가 여자되어, 전동기 M2가 회전하고, 램프 GL이 점등된다.

다) 푸시버튼 스위치 PB2 동작 사항

(1) 푸시버튼 스위치 PB2를 누르면, 릴레이 X2, 전자접촉기 MC2가 여자되어, 전동기 M2가 회전하고, 램프 GL이 점등된다.

(2) 릴레이 X2가 여자된 상태에서 리밋스위치 LS2가 감지되면, 타이머 T2가 여자되어 램프 WL이 점등된다.

(3) 타이머 T2의 설정시간 t2초 후, 릴레이 X1, 타이머 T1이 여자된다.

(4) 릴레이 X1이 여자된 상태에서 리밋스위치 LS1이 감지되면, 전자접촉기 MC1이 여자되어, 타이머 T1이 소자되며 전동기 M1이 회전하고, 램프 RL이 점등된다.

라) 제어회로가 동작하는 중 푸시버튼 스위치 PB0를 누르면, 제어회로 및 전동기 동작은 모두 정지된다.

마) EOCR 동작 사항

(1) 전동기가 운전하는 중 전동기의 과부하로 과전류가 흐르면, 전자식과전류계전기 EOCR이 동작되어 전동기는 정지하고, 램프 YL이 점등된다.

(2) 전자식과전류계전기 EOCR을 리셋(RESET)하면 제어회로는 초기 상태로 복귀된다.

※ 동작 내용은 단순 참고 사항이며, 모든 동작은 시퀀스 회로를 기준으로 합니다.

국가기술자격 실기시험문제 ⑬

자격종목	전기기능사	과제명	전기 설비의 배선 및 배관 공사	척도	NS

1 배관 및 기구 배치도

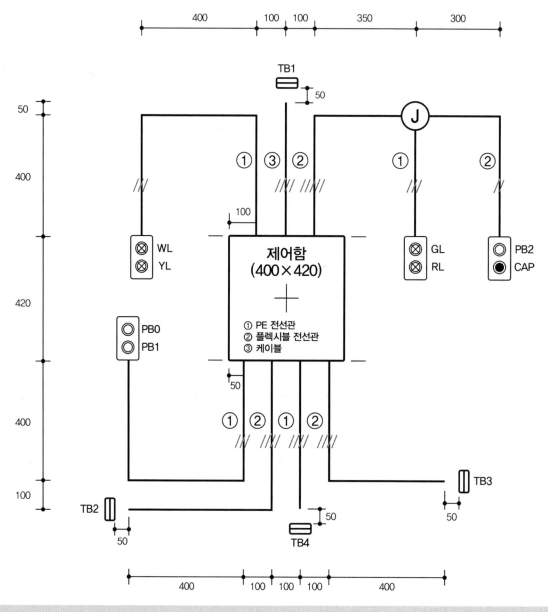

※ NOTE : 치수 기준점은 제어함의 중심으로 한다.

자격종목	전기기능사	과제명	전기 설비의 배선 및 배관 공사	척도	NS

2 제어판 내부 기구 배치도

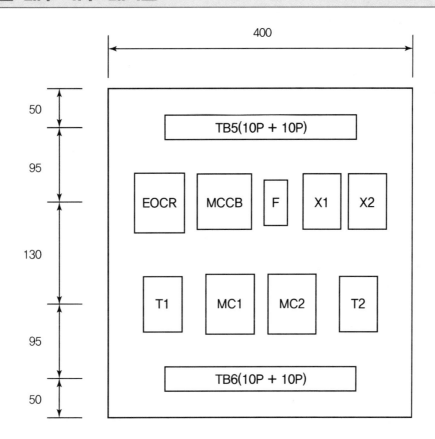

[범례]

기호	명칭	기호	명칭
TB1	전원(단자대 4P)	PB0	푸시버튼 스위치(적색)
TB2, TB3	전동기(단자대 4P)	PB1	푸시버튼 스위치(녹색)
TB4	LS1, LS2(단자대 4P)	PB2	푸시버튼 스위치(녹색)
TB5, TB6	단자대(10P + 10P)	YL	램프(황색)
MC1, MC2	전자접촉기(12P)	GL	램프(녹색)
EOCR	EOCR(12P)	RL	램프(적색)
X1, X2	릴레이(8P)	WL	램프(백색)
T1, T2	타이머(8P)	CAP	홀마개
F	퓨즈 및 퓨즈홀더	□	8각 박스
MCCB	배선용차단기		

3 제어회로의 시퀀스 회로도

※ 본 도면은 시험을 위해서 임의 구성한 것으로 상용도면과 상이할 수 있습니다.

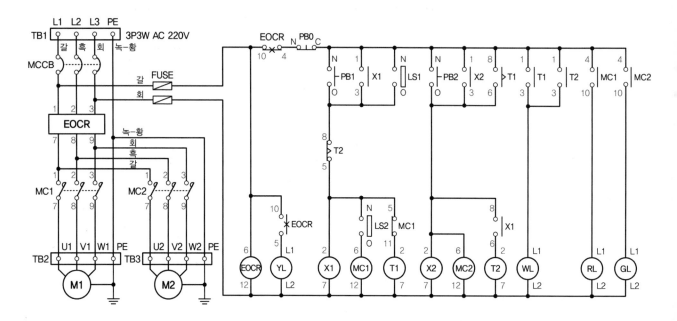

WL	YL	공통		L1	L2	L3	PE		RL	GL	공통		PB2	PB2				
L1	L1	L2							L1	L1	L2		N	O				

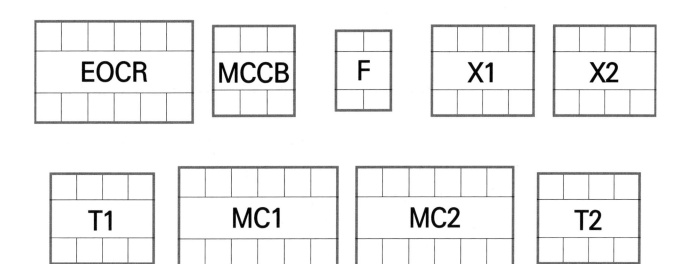

PB0	공통	PB1		U1	V1	W1	PE		LS1	LS1	LS2	LS2		U2	V2	W2	PE	
N	CN	O							N	O	N	O						

자격종목	전기기능사	과제명	전기 설비의 배선 및 배관 공사	척도	NS

4 제어회로의 동작 사항

가) MCCB를 통해 전원을 투입하면, 전자식과전류계전기 EOCR에 전원이 공급된다.

나) 푸시버튼 스위치 PB1 동작 사항

    (1) 푸시버튼 스위치 PB1을 누르거나 리밋스위치 LS1이 순간 감지된 후 해제(OFF→ON→OFF)되면, 릴레이 X1, 타이머 T1이 여자되어, 램프 WL이 점등된다.

    (2) 릴레이 X1이 여자된 상태

        (가) 리밋스위치 LS2가 감지되면,

            ① 전자접촉기 MC1이 여자되어, 타이머 T1이 소자되며 전동기 M1이 회전하고, 램프 RL이 점등, WL이 소등된다.

            ② 전동기 M1이 회전하는 중, 리밋스위치 LS2의 감지가 해제되면, 타이머 T1이 여자, 전자접촉기 MC1이 소자되어, 전동기 M1은 정지하고 램프 RL은 소등, WL은 점등된다.

        (나) 리밋스위치 LS2가 감지되지 않으면,

            ① 타이머 T1의 설정시간 t1초 후, 릴레이 X2, 타이머 T2, 전자접촉기 MC2가 여자되어, 전동기 M2가 회전하고, 램프 GL이 점등된다.

            ② 타이머 T2의 설정시간 t2초 후, 릴레이 X1, 타이머 T1, T2가 소자되고, 램프 WL이 소등된다.

    (3) 제어회로가 동작하는 중 푸시버튼 스위치 PB0를 누르면, 제어회로 및 전동기 동작은 모두 정지된다.

다) 푸시버튼 스위치 PB2 동작 사항

    (1) 푸시버튼 스위치 PB2를 누르면, 릴레이 X2, 전자접촉기 MC2가 여자되어, 전동기 M2가 회전하고, 램프 GL이 점등된다.

    (이때, 전동기 M1이 운전 중이면 WL이 점등된다.)

    (2) 제어회로가 동작하는 중 푸시버튼 스위치 PB0를 누르면, 제어회로 및 전동기 동작은 모두 정지된다.

라) EOCR 동작 사항

    (1) 전동기가 운전하는 중 전동기의 과부하로 과전류가 흐르면, 전자식과전류계전기 EOCR이 동작되어 전동기는 정지하고, 램프 YL이 점등된다.

    (2) 전자식과전류계전기 EOCR을 리셋(RESET)하면 제어회로는 초기 상태로 복귀된다.

※ 동작 내용은 단순 참고 사항이며, 모든 동작은 시퀀스 회로를 기준으로 합니다.

국가기술자격 실기시험문제 ⑭

자격종목	전기기능사	과제명	전기 설비의 배선 및 배관 공사	척도	NS

1 배관 및 기구 배치도

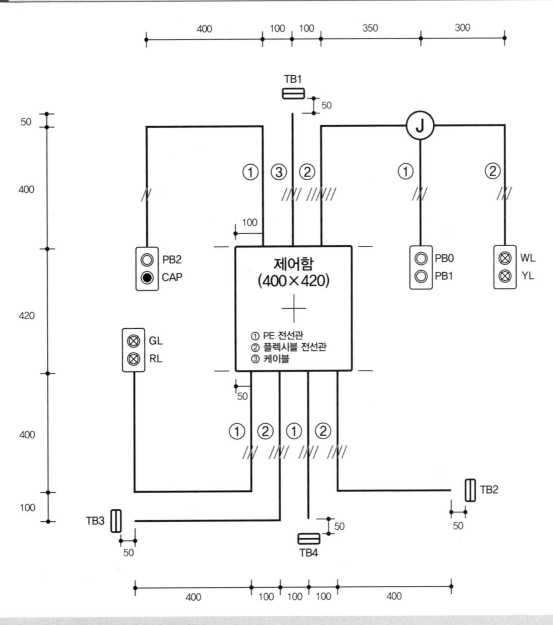

① PE 전선관
② 플렉시블 전선관
③ 케이블

※ NOTE : 치수 기준점은 제어함의 중심으로 한다.

2 제어판 내부 기구 배치도

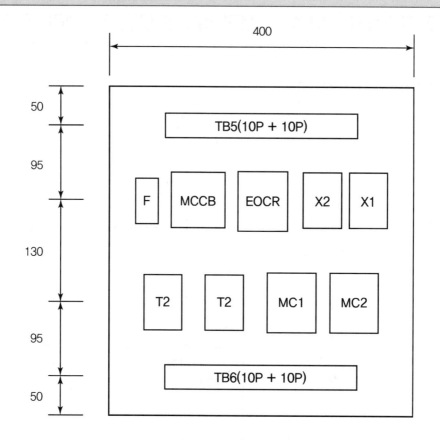

[범례]

기호	명칭	기호	명칭
TB1	전원(단자대 4P)	PB0	푸시버튼 스위치(적색)
TB2, TB3	전동기(단자대 4P)	PB1	푸시버튼 스위치(녹색)
TB4	LS1, LS2(단자대 4P)	PB2	푸시버튼 스위치(녹색)
TB5, TB6	단자대(10P + 10P)	YL	램프(황색)
MC1, MC2	전자접촉기(12P)	GL	램프(녹색)
EOCR	EOCR(12P)	RL	램프(적색)
X1, X2	릴레이(8P)	WL	램프(백색)
T1, T2	타이머(8P)	CAP	홀마개
F	퓨즈 및 퓨즈홀더	□	8각 박스
MCCB	배선용차단기		

3 제어회로의 시퀀스 회로도

※ 본 도면은 시험을 위해서 임의 구성한 것으로 상용도면과 상이할 수 있습니다.

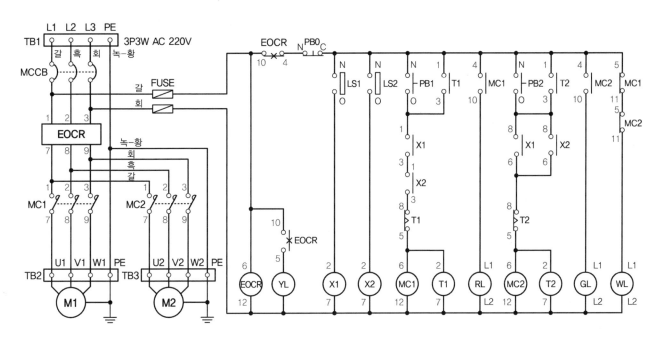

PART 03

PB2	PB2		L1	L2	L3	PE	PB0	공통	PB1	WL	YL	공통				
N	O						N	CN	O	L1	L1	2L1				

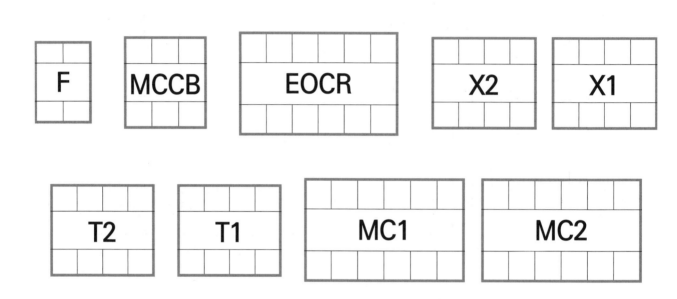

RL	GL	공통		U2	V2	W2	PE		LS1	LS1	LS2	LS2		U1	V1	W1	PE	
L1	L1	L2							N	O	N	O						

자격종목	전기기능사	과제명	전기 설비의 배선 및 배관 공사	척도	NS

4 제어회로의 동작 사항

가) MCCB를 통해 전원을 투입하면, 전자식과전류계전기 EOCR에 전원이 공급되고, 램프 WL이 점등된다.

나) 푸시버튼 스위치 PB1 동작 사항

(1) 리밋스위치 LS1과 LS2가 모두 감지된 상태에서 푸시버튼 스위치 PB1을 누르면, 타이머 T1, 전자접촉기 MC1 이 여자되어, 전동기 M1이 회전하고, 램프 RL이 점등, 램프 WL이 소등된다.

(2) 전동기 M1이 회전 상태

(가) 타이머 T1의 설정시간 t1초 후, 타이머 T1, 전자접촉기 MC1이 소자되어, 전동기 M1이 정지하고, 램프 RL이 소등, 램프 WL이 점등된다.

(나) 리밋스위치 LS1과 LS2 중 어떤 하나라도 감지가 해제되면, 타이머 T1, 전자접촉기 MC1이 소자되어, 전동 기 M1이 정지하고, 램프 RL이 소등, 램프 WL이 점등된다.

다) 푸시버튼 스위치 PB2 동작 사항

(1) 리밋스위치 LS1 또는 LS2 중 어떤 하나 이상이 감지된 상태에서 푸시버튼 스위치 PB2를 누르면, 타이머 T2, 전자접촉기 MC2가 여자되어, 전동기 M2가 회전하고, 램프 GL이 점등, 램프 WL이 소등된다.

(2) 전동기 M2가 회전 상태

(가) 타이머 T2의 설정시간 t2초 후, 타이머 T2, 전자접촉기 MC2가 소자되어, 전동기 M2가 정지하고, 램프 GL이 소등, 램프 WL이 점등된다.

(나) 리밋스위치 LS1과 LS2의 감지가 모두 해제되면, 타이머 T2, 전자접촉기 MC2가 소자되어, 전동기 M2가 정지하고, 램프 GL이 소등, 램프 WL이 점등된다.

라) 제어회로가 동작하는 중 푸시버튼 스위치 PB0를 누르면, 제어회로 및 전동기 동작은 모두 정지된다.

마) EOCR 동작 사항

(1) 전동기가 운전하는 중 전동기의 과부하로 과전류가 흐르면, 전자식과전류계전기 EOCR이 동작되어 전동기는 정지하고, 램프 YL이 점등된다.

(2) 전자식과전류계전기 EOCR을 리셋(RESET)하면 제어회로는 초기 상태로 복귀된다.

※ 동작 내용은 단순 참고 사항이며, 모든 동작은 시퀀스 회로를 기준으로 합니다.

자격종목	전기기능사	과제명	전기 설비의 배선 및 배관 공사	척도	NS

1 배관 및 기구 배치도

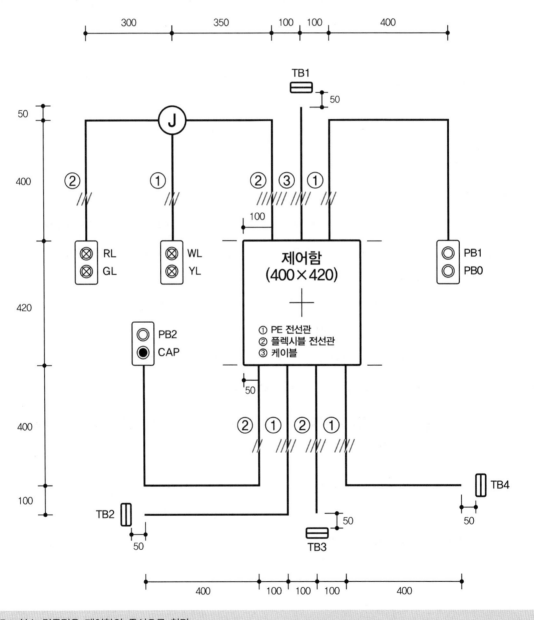

※ NOTE : 치수 기준점은 제어함의 중심으로 한다.

| 자격종목 | 전기기능사 | 과제명 | 전기 설비의 배선 및 배관 공사 | 척도 | NS |

2 제어판 내부 기구 배치도

```
                          400
      ┌─────────────────────────────────────────┐
 50   │        ┌───────────────────────┐         │
      │        │   TB5(10P + 10P)      │         │
 95   │        └───────────────────────┘         │
      │  ┌──────┐ ┌──────┐  ┌────┐ ┌────┐ ┌────┐ │
      │  │ MCCB │ │ EOCR │  │ F  │ │ X2 │ │ X1 │ │
      │  └──────┘ └──────┘  └────┘ └────┘ └────┘ │
130   │                                          │
      │  ┌──────┐ ┌──────┐ ┌──────┐    ┌──────┐  │
      │  │  T2  │ │ MC1  │ │ MC2  │    │  T1  │  │
 95   │  └──────┘ └──────┘ └──────┘    └──────┘  │
      │        ┌───────────────────────┐         │
      │        │   TB6(10P + 10P)      │         │
 50   │        └───────────────────────┘         │
      └─────────────────────────────────────────┘
```

[범례]

기호	명칭	기호	명칭
TB1	전원(단자대 4P)	PB0	푸시버튼 스위치(적색)
TB2, TB3	전동기(단자대 4P)	PB1	푸시버튼 스위치(녹색)
TB4	LS1, LS2(단자대 4P)	PB2	푸시버튼 스위치(녹색)
TB5, TB6	단자대(10P + 10P)	YL	램프(황색)
MC1, MC2	전자접촉기(12P)	GL	램프(녹색)
EOCR	EOCR(12P)	RL	램프(적색)
X1, X2	릴레이(8P)	WL	램프(백색)
T1, T2	타이머(8P)	CAP	홀마개
F	퓨즈 및 퓨즈홀더	□	8각 박스
MCCB	배선용차단기		

3 제어회로의 시퀀스 회로도

※ 본 도면은 시험을 위해서 임의 구성한 것으로 상용도면과 상이할 수 있습니다.

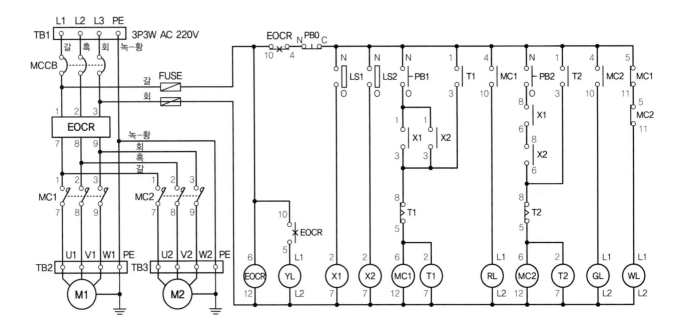

RL	GL	공통		WL	YL	공통		L1	L2	L3	PE		PB0	공통	PB1			
L1	L1	L2		L1	L1	L2							N	CN	O			

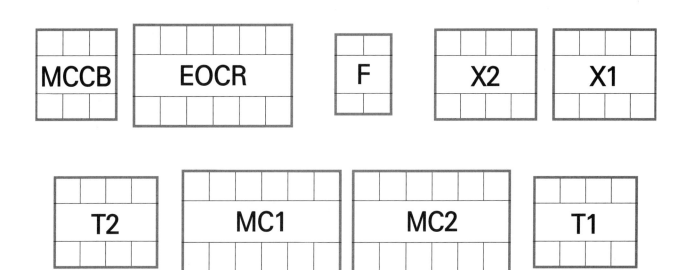

PB2	PB2		U1	V1	W1	PE		U2	V2	W2	PE		LS1	LS1	LS2	LS2			
N	O												N	O	N	O			

자격종목	전기기능사	과제명	전기 설비의 배선 및 배관 공사	척도	NS

4 제어회로의 동작 사항

가) MCCB를 통해 전원을 투입하면, 전자식과전류계전기 EOCR에 전원이 공급되고, 램프 WL이 점등된다.

나) 푸시버튼 스위치 PB1 동작 사항

(1) 리밋스위치 LS1 또는 LS2 중 어떤 하나 이상이 감지된 상태에서 푸시버튼 스위치 PB1을 누르면, 타이머 T1, 전자접촉기 MC1이 여자되어, 전동기 M1이 회전하고, 램프 RL이 점등, 램프 WL이 소등된다.

(2) 전동기 M1이 회전 상태

(가) 타이머 T1의 설정시간 t1초 후, 타이머 T1, 전자접촉기 MC1이 소자되어, 전동기 M1이 정지하고, 램프 RL이 소등, 램프 WL이 점등된다.

(나) 리밋스위치 LS1과 LS2의 감지가 모두 해제되어도 동작의 변화는 없다.

다) 푸시버튼 스위치 PB2 동작 사항

(1) 리밋스위치 LS1과 LS2가 모두 감지된 상태에서 푸시버튼 스위치 PB2를 누르면, 타이머 T2, 전자접촉기 MC2가 여자되어, 전동기 M2가 회전하고, 램프 GL이 점등, 램프 WL이 소등된다.

(2) 전동기 M2가 회전 상태

(가) 타이머 T2의 설정시간 t2초 후, 타이머 T2, 전자접촉기 MC2가 소자되어, 전동기 M2가 정지하고, 램프 GL이 소등, 램프 WL이 점등된다.

(나) 리밋스위치 LS1과 LS2의 감지가 모두 해제되어도 동작의 변화는 없다.

라) 제어회로가 동작하는 중 푸시버튼 스위치 PB0를 누르면, 제어회로 및 전동기 동작은 모두 정지된다.

마) EOCR 동작 사항

(1) 전동기가 운전하는 중 전동기의 과부하로 과전류가 흐르면, 전자식과전류계전기 EOCR이 동작되어 전동기는 정지하고, 램프 YL이 점등된다.

(2) 전자식과전류계전기 EOCR을 리셋(RESET)하면 제어회로는 초기 상태로 복귀된다.

※ 동작 내용은 단순 참고 사항이며, 모든 동작은 시퀀스 회로를 기준으로 합니다.

국가기술자격 실기시험문제 ⑯

자격종목	전기기능사	과제명	전기 설비의 배선 및 배관 공사	척도	NS

1 배관 및 기구 배치도

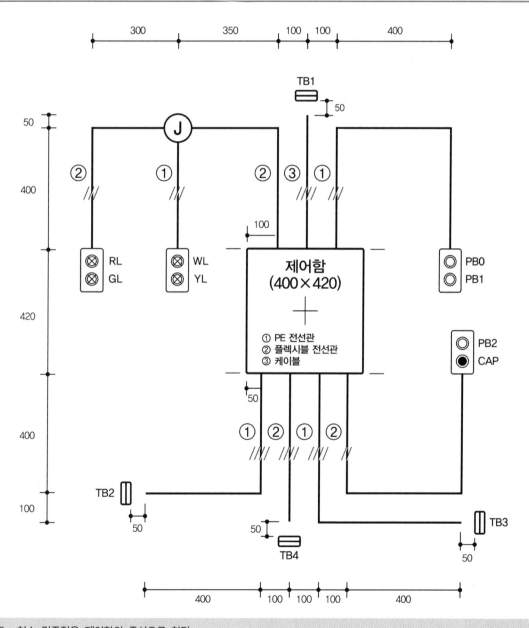

※ NOTE : 치수 기준점은 제어함의 중심으로 한다.

| 자격종목 | 전기기능사 | 과제명 | 전기 설비의 배선 및 배관 공사 | 척도 | NS |

2 제어판 내부 기구 배치도

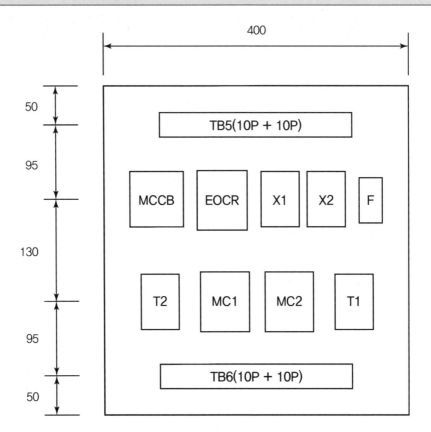

[범례]

기호	명칭	기호	명칭
TB1	전원(단자대 4P)	PB0	푸시버튼 스위치(적색)
TB2, TB3	전동기(단자대 4P)	PB1	푸시버튼 스위치(녹색)
TB4	LS1, LS2(단자대 4P)	PB2	푸시버튼 스위치(녹색)
TB5, TB6	단자대(10P + 10P)	YL	램프(황색)
MC1, MC2	전자접촉기(12P)	GL	램프(녹색)
EOCR	EOCR(12P)	RL	램프(적색)
X1, X2	릴레이(8P)	WL	램프(백색)
T1, T2	타이머(8P)	CAP	홀마개
F	퓨즈 및 퓨즈홀더	□	8각 박스
MCCB	배선용차단기		

3 제어회로의 시퀀스 회로도

※ 본 도면은 시험을 위해서 임의 구성한 것으로 상용도면과 상이할 수 있습니다.

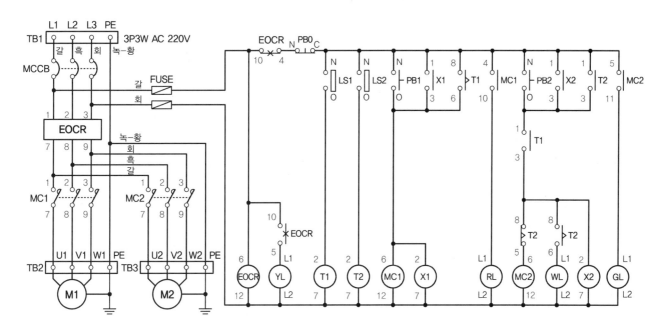

RL	GL	공통		WL	YL	공통		L1	L2	L3	PE		PB0	공통	PB1			
L1	L1	L2		L1	L1	L2							N	CN	O			

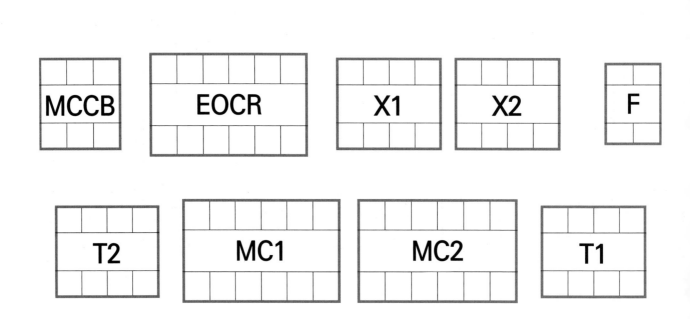

U1	V1	W1	PE		LS1	LS1	LS2	LS2		U2	V2	W2	PE		PB2	PB2		
															N	O		

자격종목	전기기능사	과제명	전기 설비의 배선 및 배관 공사	척도	NS

4 제어회로의 동작 사항

가) MCCB를 통해 전원을 투입하면, 전자식과전류계전기 EOCR에 전원이 공급된다.

나) 푸시버튼 스위치 PB1 동작 사항

(1) 리밋스위치 LS1이 감지되면, 타이머 T1이 여자되고, 푸시버튼 스위치 PB2 또는 타이머 T2에 의한 전동기 M2의 동작이 가능한 상태로 된다.

(2) 푸시버튼 스위치 PB1을 누르거나 타이머 T1의 설정시간 t1초 후, 릴레이 X1, 전자접촉기 MC1이 여자되어, 전동기 M1이 회전하고, 램프 RL이 점등된다.

(3) 리밋스위치 LS1의 감지가 해제되어도 전동기 M1에 대한 동작의 변화는 없다.

다) 푸시버튼 스위치 PB2 동작 사항

(1) 리밋스위치 LS1이 감지된 상태

  (가) 푸시버튼 스위치 PB2를 누르면, 릴레이 X2, 전자접촉기 MC2가 여자되어, 전동기 M2가 회전하고, 램프 GL이 점등된다.

  (나) 리밋스위치 LS2가 감지되면,

   ① 타이머 T2, 릴레이 X2, 전자접촉기 MC2가 여자되어, 전동기 M2가 회전하며 램프 GL이 점등된다.

   ② 타이머 T2의 설정시간 t2초 후, 전자접촉기 MC2가 소자되어, 전동기 M2가 정지하고, 램프 GL이 소등, 램프 WL이 점등된다.

   ③ 리밋스위치 LS2의 감지가 해제되면, 전자접촉기 MC2가 여자되어, 전동기 M2가 회전하며 램프 GL이 점등, 램프 WL이 소등된다.

라) 제어회로가 동작하는 중 푸시버튼 스위치 PB0를 누르면, 제어회로 및 전동기 동작은 모두 정지된다.

마) EOCR 동작 사항

(1) 전동기가 운전하는 중 전동기의 과부하로 과전류가 흐르면, 전자식과전류계전기 EOCR이 동작되어 전동기는 정지하고, 램프 YL이 점등된다.

(2) 전자식과전류계전기 EOCR을 리셋(RESET)하면 제어회로는 초기 상태로 복귀된다.

※ 동작 내용은 단순 참고 사항이며, 모든 동작은 시퀀스 회로를 기준으로 합니다.

국가기술자격 실기시험문제 ⑰

자격종목	전기기능사	과제명	전기 설비의 배선 및 배관 공사	척도	NS

1 배관 및 기구 배치도

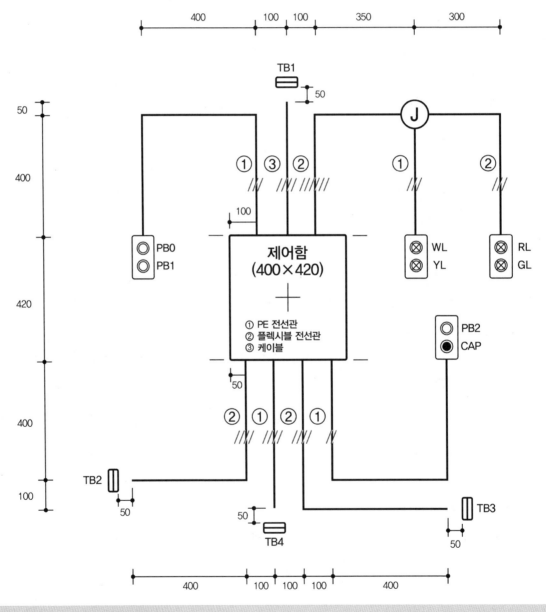

※ NOTE : 치수 기준점은 제어함의 중심으로 한다.

자격종목	전기기능사	과제명	전기 설비의 배선 및 배관 공사	척도	NS

2 제어판 내부 기구 배치도

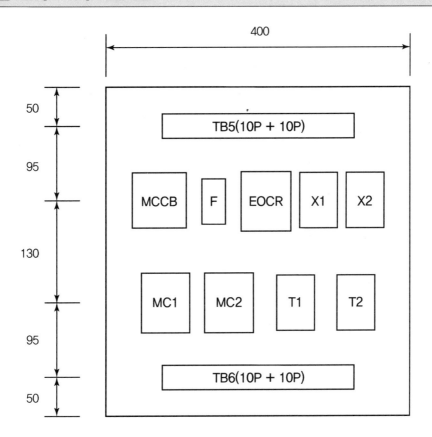

[범례]

기호	명칭	기호	명칭
TB1	전원(단자대 4P)	PB0	푸시버튼 스위치(적색)
TB2, TB3	전동기(단자대 4P)	PB1	푸시버튼 스위치(녹색)
TB4	LS1, LS2(단자대 4P)	PB2	푸시버튼 스위치(녹색)
TB5, TB6	단자대(10P + 10P)	YL	램프(황색)
MC1, MC2	전자접촉기(12P)	GL	램프(녹색)
EOCR	EOCR(12P)	RL	램프(적색)
X1, X2	릴레이(8P)	WL	램프(백색)
T1, T2	타이머(8P)	CAP	홀마개
F	퓨즈 및 퓨즈홀더	□	8각 박스
MCCB	배선용차단기		

3 제어회로의 시퀀스 회로도

※ 본 도면은 시험을 위해서 임의 구성한 것으로 상용도면과 상이할 수 있습니다.

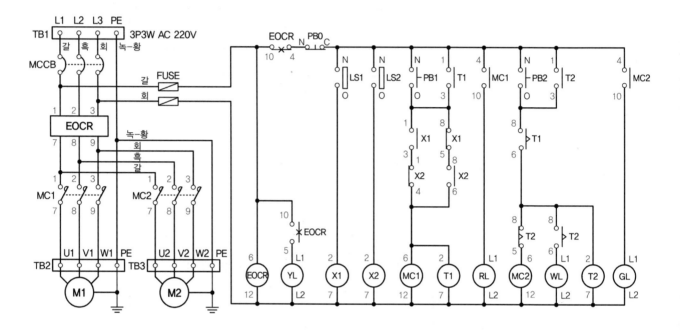

PB0	공통	PB1		L1	L2	L3	PE		WL	YL	공통		RL	GL	공통			
N	CN	O							L1	L1	L2		L1	L1	L2			

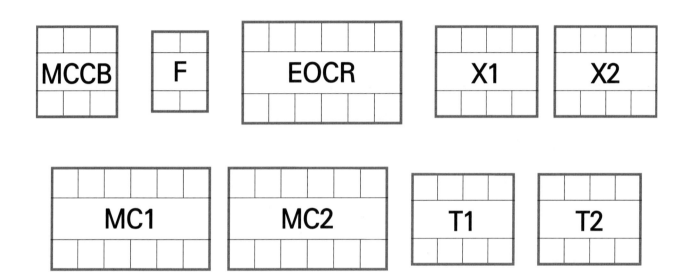

U1	V1	W1	PE		LS1	LS1	LS2	LS2		U2	V2	W2	PE		PB2	PB2		
															N	O		

자격종목	전기기능사	과제명	전기 설비의 배선 및 배관 공사	척도	NS

4 제어회로의 동작 사항

가) MCCB를 통해 전원을 투입하면, 전자식과전류계전기 EOCR에 전원이 공급된다.

나) 푸시버튼 스위치 PB1 동작 사항

(1) 리밋스위치 LS1과 LS2 중 어떤 하나만 감지된 상태에서 푸시버튼 스위치 PB1을 누르면, 타이머 T1, 전자접촉기 MC1이 여자되어, 전동기 M1이 회전하고, 램프 RL이 점등된다.

(2) 전동기 M1이 회전 상태

(가) 타이머 T1의 설정시간 t1초 후, 푸시버튼 스위치 PB2에 의한 동작이 허가된다.

(나) 리밋스위치 LS1과 LS2가 모두 감지되거나 감지가 모두 해제되면, 타이머 T1, 전자접촉기 MC1이 소자되어, 전동기 M1이 정지하고, 램프 RL이 소등된다.

(다) 푸시버튼 스위치 PB0를 누르면, 제어회로 및 전동기 동작은 모두 정지된다.

다) 푸시버튼 스위치 PB2 동작 사항

(1) 타이머 T1이 여자되고 타이머 T1의 설정시간 t1초 후, 푸시버튼 스위치 PB2를 누르면, 타이머 T2, 전자접촉기 MC2가 여자되어, 전동기 M2가 회전하고, 램프 GL이 점등된다.

(2) 타이머 T2의 설정시간 t2초 후, 전자접촉기 MC2가 소자되어, 전동기 M2가 정지하고, 램프 GL이 소등, 램프 WL이 점등된다.

(3) 제어회로가 동작하는 중 푸시버튼 스위치 PB0를 누르면, 제어회로 및 전 동기동작은 모두 정지된다.

라) EOCR 동작 사항

(1) 전동기가 운전하는 중 전동기의 과부하로 과전류가 흐르면, 전자식과전류계전기 EOCR이 동작되어 전동기는 정지하고, 램프 YL이 점등된다.

(2) 전자식과전류계전기 EOCR을 리셋(RESET)하면 제어회로는 초기 상태로 복귀된다.

※ 동작 내용은 단순 참고 사항이며, 모든 동작은 시퀀스 회로를 기준으로 합니다.

국가기술자격 실기시험문제 ⑱

자격종목	전기기능사	과제명	전기 설비의 배선 및 배관 공사	척도	NS

1 배관 및 기구 배치도

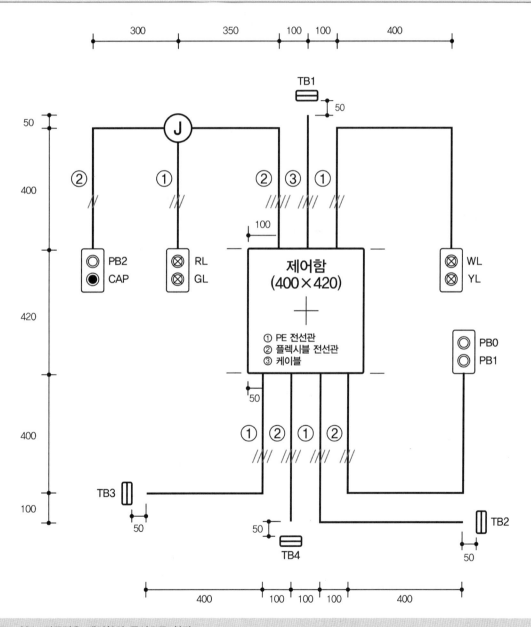

※ NOTE : 치수 기준점은 제어함의 중심으로 한다.

자격종목	전기기능사	과제명	전기 설비의 배선 및 배관 공사	척도	NS

2 제어판 내부 기구 배치도

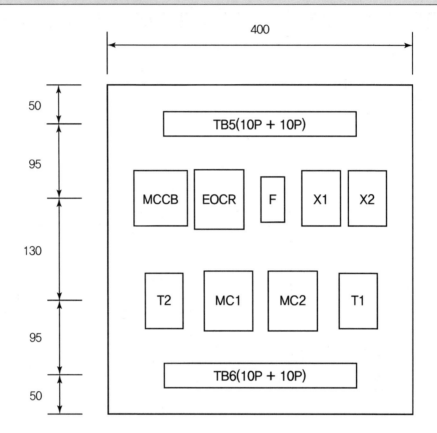

[범례]

기호	명칭	기호	명칭
TB1	전원(단자대 4P)	PB0	푸시버튼 스위치(적색)
TB2, TB3	전동기(단자대 4P)	PB1	푸시버튼 스위치(녹색)
TB4	LS1, LS2(단자대 4P)	PB2	푸시버튼 스위치(녹색)
TB5, TB6	단자대(10P + 10P)	YL	램프(황색)
MC1, MC2	전자접촉기(12P)	GL	램프(녹색)
EOCR	EOCR(12P)	RL	램프(적색)
X1, X2	릴레이(8P)	WL	램프(백색)
T1, T2	타이머(8P)	CAP	홀마개
F	퓨즈 및 퓨즈홀더	□	8각 박스
MCCB	배선용차단기		

3 제어회로의 시퀀스 회로도

※ 본 도면은 시험을 위해서 임의 구성한 것으로 상용도면과 상이할 수 있습니다.

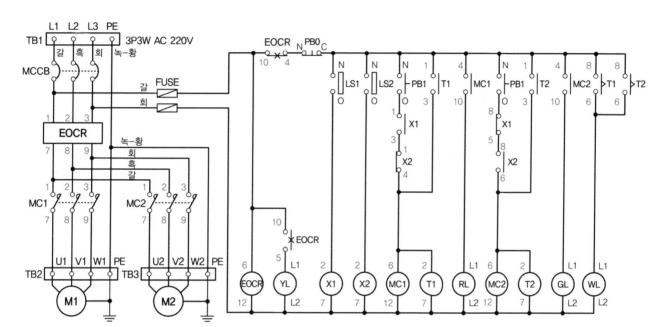

PB2	PB2		RL	GL	공통		L1	L2	L3	PE		WL	YL	공통				
N	O		L1	L1	L2							L1	L1	L2				

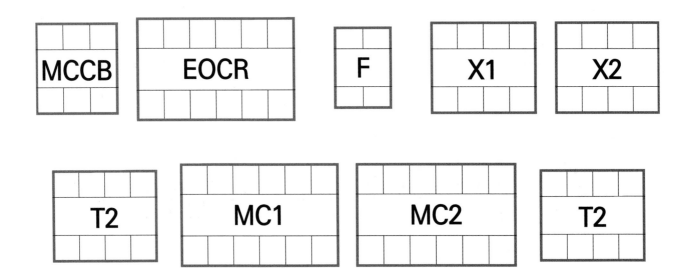

U2	V2	W2	PE		LS1	LS1	LS2	LS2		U1	V1	W1	PE		PB0	공통	PB1	
					N	O	N	O							N	CN	O	

자격종목	전기기능사	과제명	전기 설비의 배선 및 배관 공사	척도	NS

4 제어회로의 동작 사항

가) MCCB를 통해 전원을 투입하면, 전자식과전류계전기 EOCR에 전원이 공급된다.

나) 푸시버튼 스위치 PB1 동작 사항

(1) 리밋스위치 LS1은 감지된 상태, 리밋스위치 LS2는 감지가 해제된 상태에서 푸시버튼 스위치 PB1을 누르면, 타이머 T1, 전자접촉기 MC1이 여자되어, 전동기 M1이 회전하고, 램프 RL이 점등된다.

(2) 타이머 T1의 설정시간 t1초 후, 램프 WL이 점등된다.

(3) 리밋스위치 LS1과 LS2의 감지가 변해도 동작의 변화는 없다.

다) 푸시버튼 스위치 PB2 동작 사항

(1) 리밋스위치 LS1은 감지가 해제된 상태, 리밋스위치 LS2는 감지된 상태에서 푸시버튼 스위치 PB2를 누르면, 타이머 T2, 전자접촉기 MC2가 여자되어, 전동기 M2가 회전하고, 램프 GL이 점등된다.

(2) 타이머 T2의 설정시간 t2초 후, 램프 WL이 점등된다.

(3) 리밋스위치 LS1과 LS2의 감지가 변해도 동작의 변화는 없다.

라) 제어회로가 동작하는 중 푸시버튼 스위치 PB0를 누르면, 제어회로 및 전동기 동작은 모두 정지된다.

마) EOCR 동작 사항

(1) 전동기가 운전하는 중 전동기의 과부하로 과전류가 흐르면, 전자식과전류계전기 EOCR이 동작되어 전동기는 정지하고, 램프 YL이 점등된다.

(2) 전자식과전류계전기 EOCR을 리셋(RESET)하면 제어회로는 초기 상태로 복귀된다.

※ 동작 내용은 단순 참고 사항이며, 모든 동작은 시퀀스 회로를 기준으로 합니다.

부록

연습도면

부록 01

대표 예시문제 연습도면

1 배관 및 기구 배치도

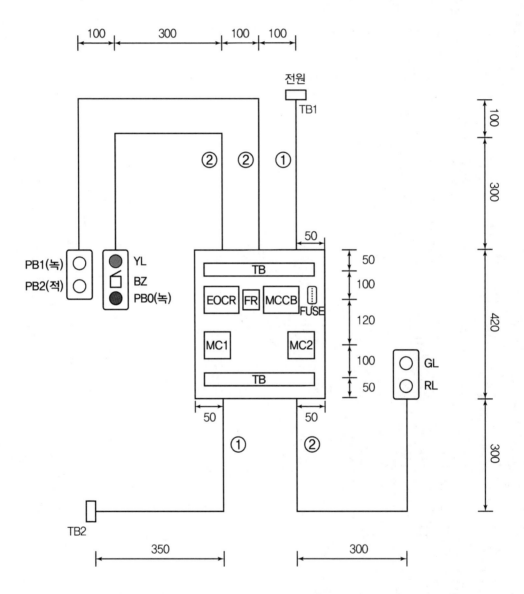

※ 기구 배치도에 기재되어 있는 번호에 맞게 전선관 시공을 하시오.
　① 가요(플랙시블) 전선관(CD)
　② 폴리에틸렌 전선관(PE)

2 동작 회로도

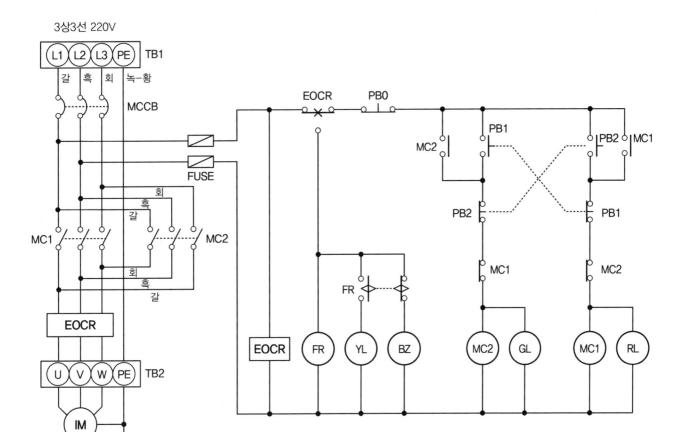

1 배관 및 기구 배치도

X의 경우 11핀을 사용한다.

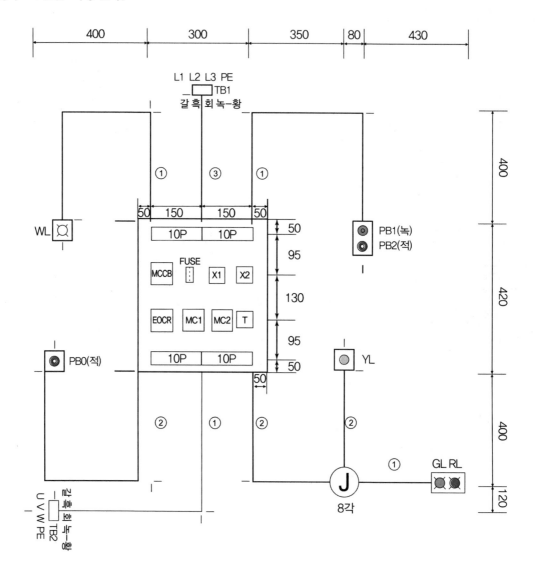

※ 기구 배치도에 기재되어 있는 번호에 맞게 전선관 시공을 하시오.

① 폴리에틸렌 전선관(PE)

② 가요(플렉시블) 전선관(CD)

③ CV 케이블(2.5SQ 4P)

2 동작 회로도

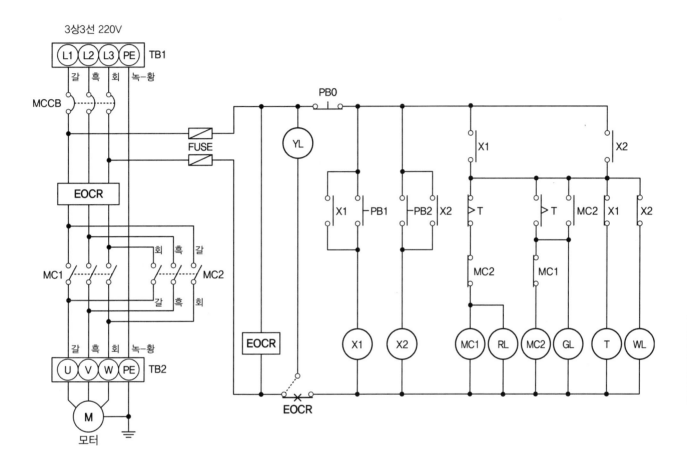

부
록

03 급수설비 제어회로

1 배관 및 기구 배치도

X는 11핀을 사용한다.

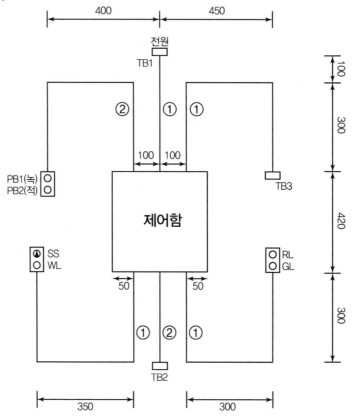

제어함 내부 기구 배치도

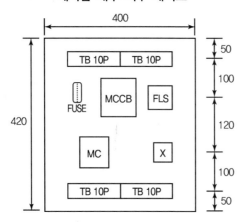

※ 기구 배치도에 기재되어 있는 번호에 맞게
전선관 시공을 하시오.
① 가요(플랙시블) 전선관(CD)
② 폴리에틸렌 전선관(PE)
  * 박스 내 전선의 접속은 쥐꼬리 접속, 기구의 접속은
    고리형으로 한다.

2 동작 회로도

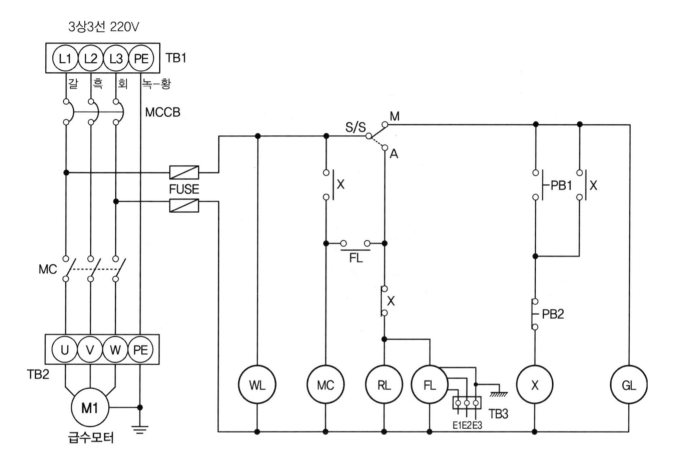

1 배관 및 기구 배치도

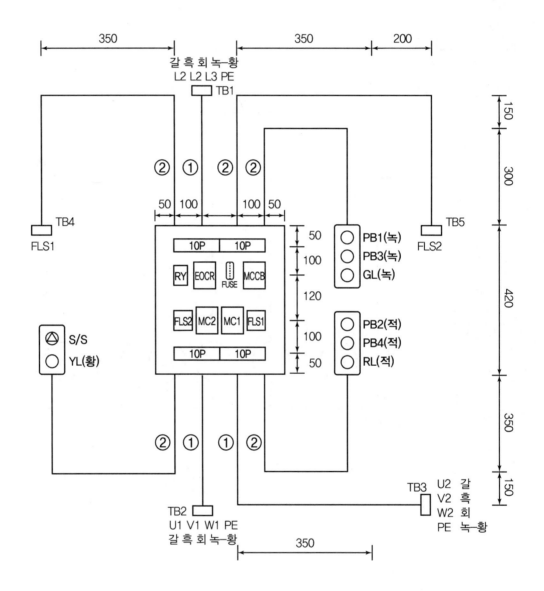

※ 기구 배치도에 기재되어 있는 번호에 맞게 전선관 시공을 하시오.

　① 폴리에틸렌 전선관(PE)

　② 가요(플랙시블) 전선관(CD)

2 동작 회로도

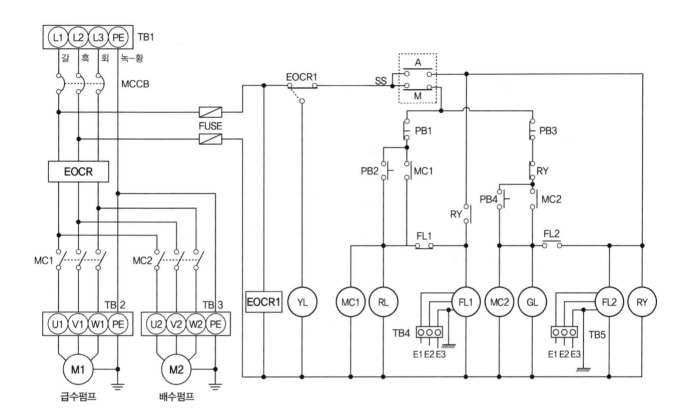

부
록

1 배관 및 기구 배치도

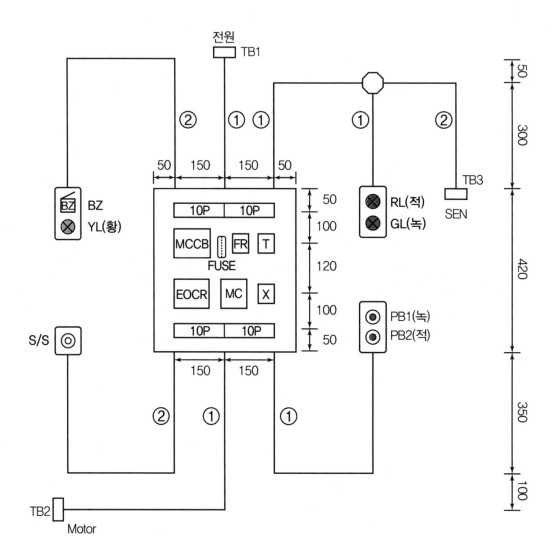

※ 기구 배치도에 기재되어 있는 번호에 맞게 전선관 시공을 하시오.
   ① 가요(플랙시블) 전선관(CD)
   ② 폴리에틸렌 전선관(PE)

2 동작 회로도

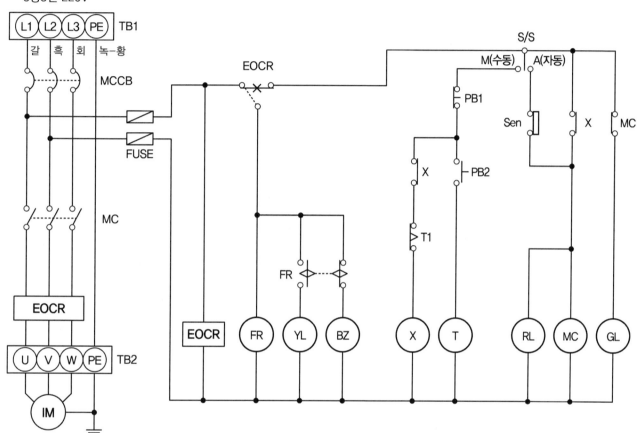

3상3선 220V

부
록

1 배관 및 기구 배치도

여기서 PR은 MC(전자접촉기)를 말한다.

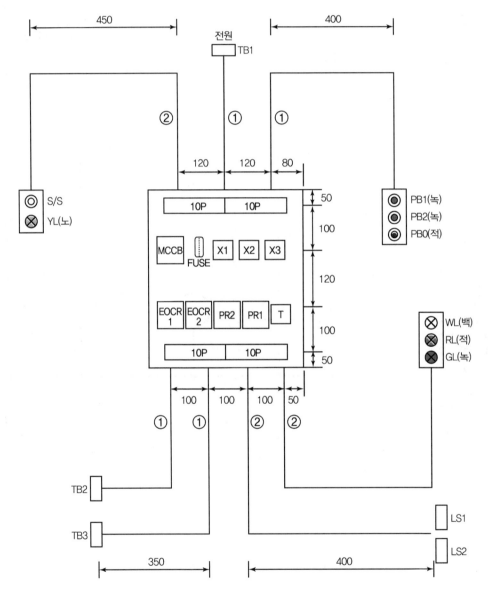

※ 기구 배치도에 기재되어 있는 번호에 맞게 전선관 시공을 하시오.

① 가요(플랙시블) 전선관(CD)

② 폴리에틸렌 전선관(PE)

2 동작 회로도

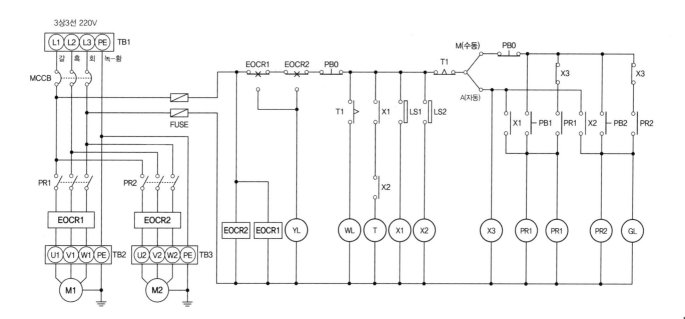

07 전동기 한시 제어회로

1 배관 및 기구 배치도

X는 11핀 릴레이를 사용한다.

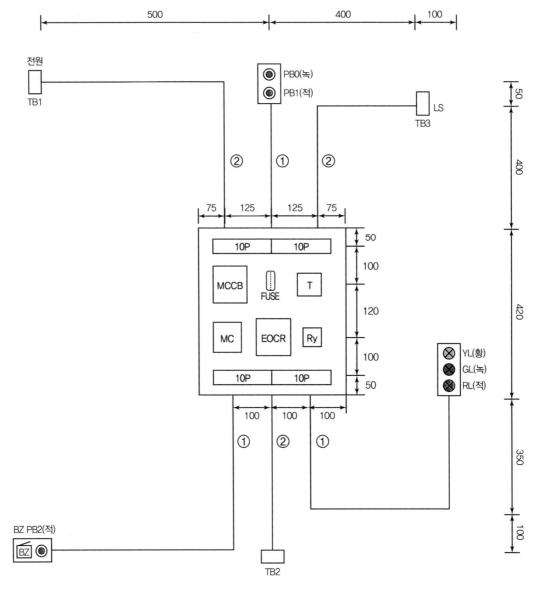

※ 기구 배치도에 기재되어 있는 번호에 맞게 전선관 시공을 하시오.
① 가요(플랙시블) 전선관(CD)
② 폴리에틸렌 전선관(PE)

2 동작 회로도

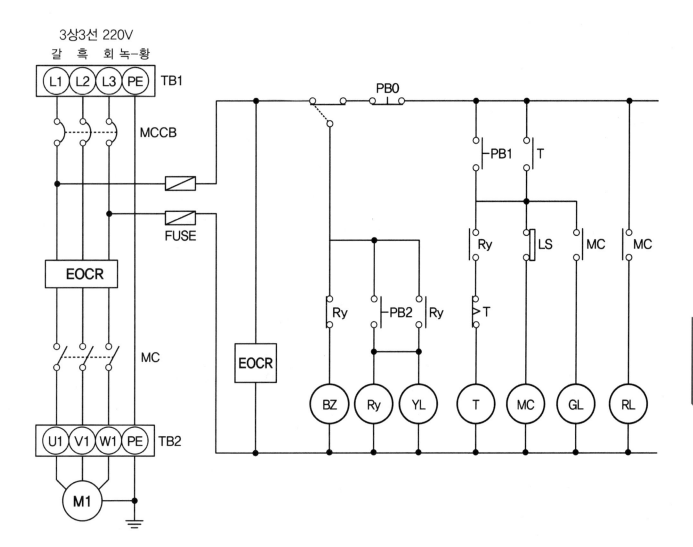

1 배관 및 기구 배치도

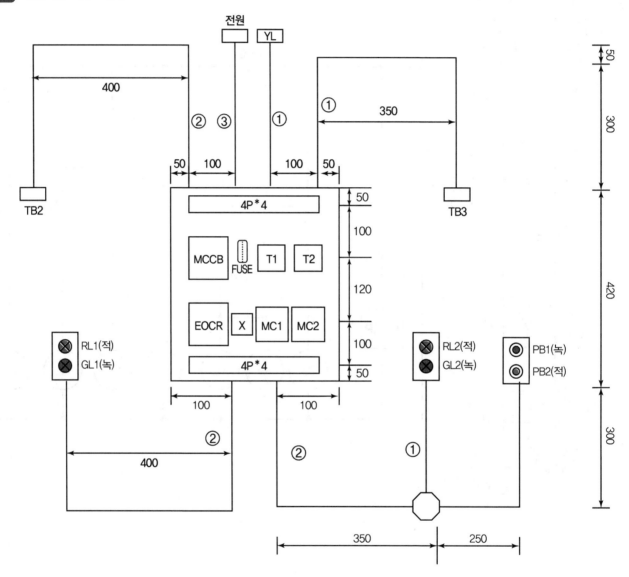

※ 기구 배치도에 기재되어 있는 번호에 맞게 전선관 시공을 하시오.

① 가요(플랙시블) 전선관(CD)

② 폴리에틸렌 전선관(PE)

③ 케이블(Cable)

2 동작 회로도

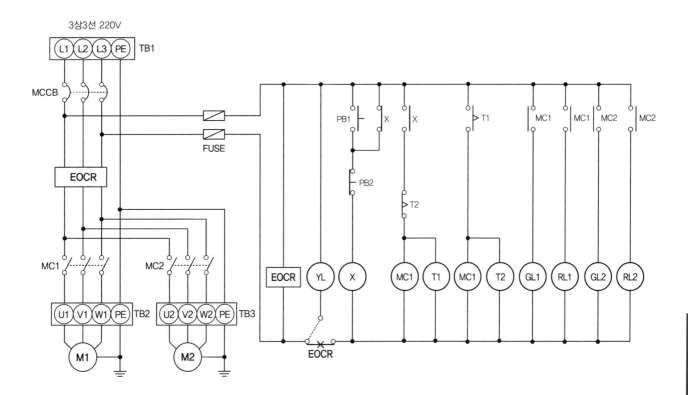

09 컨베어 순차운전 회로도

1 배관 및 기구 배치도

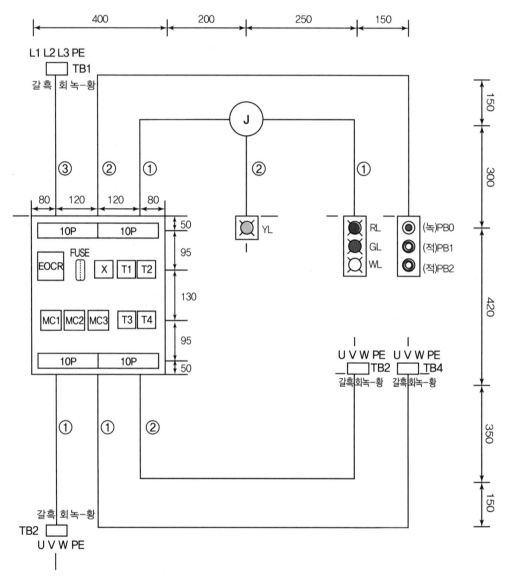

※ 기구 배치도에 기재되어 있는 번호에 맞게 전선관 시공을 하시오.

① 가요(플랙시블) 전선관(CD)

② 폴리에틸렌 전선관(PE)

③ 케이블(Cable)

2 동작 회로도

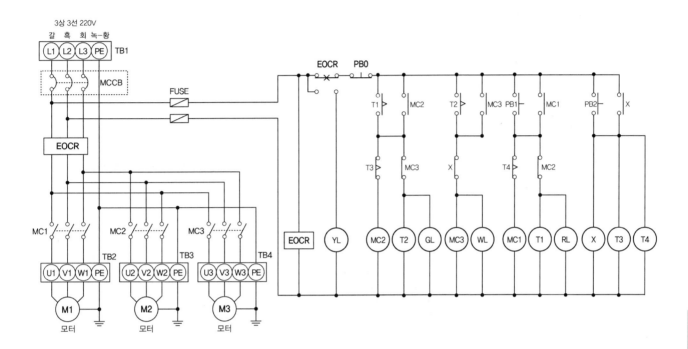

10 자동온도 조절장치 회로도

1 배관 및 기구 배치도

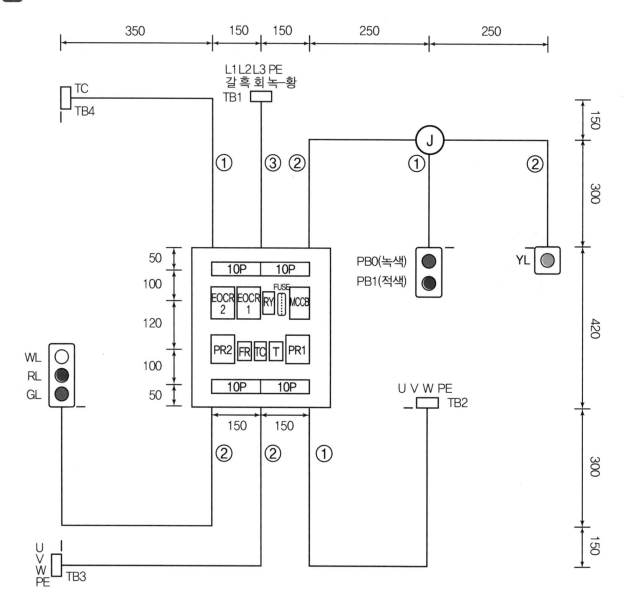

※ 외부 배관 작업용 배관

① PE(폴리에틸렌)관
② CD(콤바인덕트)관
③ CV 케이블

2 동작 회로도

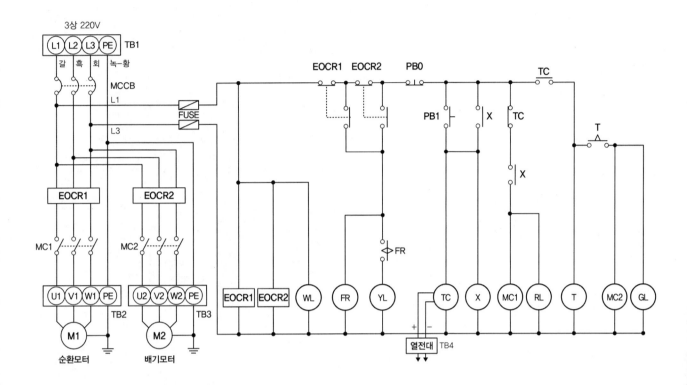

부록

연습도면

※ 제어반 배선작업도는 박문각 출판 홈페이지 학습자료실에서 다운로드하여 이용하실 수 있습니다.

부록 02

공개문제 연습도면

국가기술자격 실기시험문제 ①

자격종목	전기기능사	과제명	전기 설비의 배선 및 배관 공사	척도	NS

1 배관 및 기구 배치도

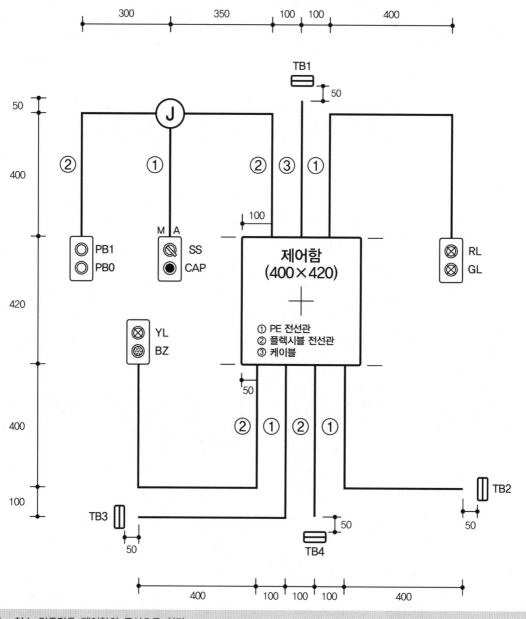

※ NOTE : 치수 기준점은 제어함의 중심으로 한다.

자격종목	전기기능사	과제명	전기 설비의 배선 및 배관 공사	척도	NS

2 제어판 내부 기구 배치도

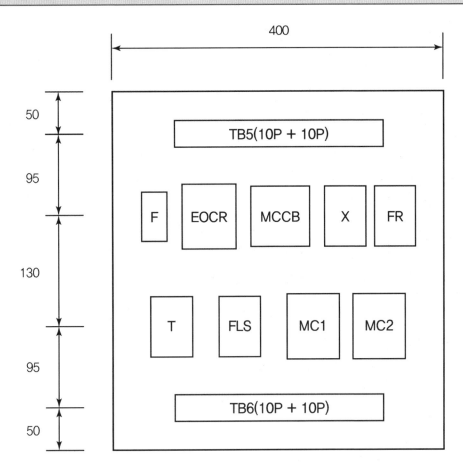

[범례]

기호	명칭	기호	명칭
TB1	전원(단자대 4P)	PB0	푸시버튼 스위치(적색)
TB2, TB3	전동기(단자대 4P)	PB1	푸시버튼 스위치(녹색)
TB4	플로트레스(단자대 4P)	SS	셀렉터 스위치
TB5, TB6	단자대(10P + 10P)	YL	램프(황색)
MC1, MC2	전자접촉기(12P)	GL	램프(녹색)
EOCR	EOCR(12P)	RL	램프(적색)
X	릴레이(8P)	BZ	부저
T	타이머(8P)	CAP	홀마개
FR	플리커릴레이(8P)	□	8각 박스
FLS	플로트레스 스위치(8P)	F	퓨즈 및 퓨즈홀더
MCCB	배선용차단기		

3 제어회로의 시퀀스 회로도

※ 본 도면은 시험을 위해서 임의 구성한 것으로 상용도면과 상이할 수 있습니다.

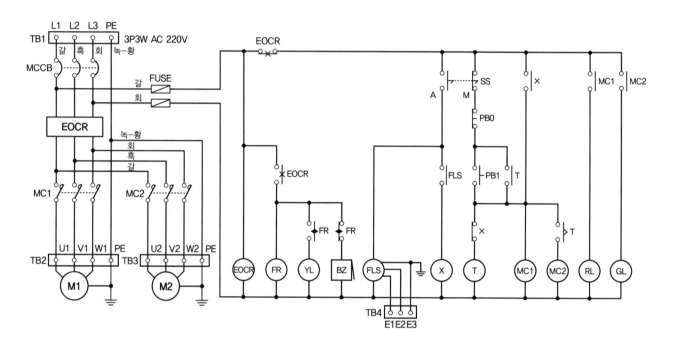

※ NOTE
 - 플로트레스 스위치 FLS에서 TB4로 배선되는 E1, E2, E3는 보조회로 전선을 사용합니다.
 - 플로트레스 스위치 FLS의 보호도체(접지) 결선은 제어판(TB6 또는 FLS 소켓)에서 보호도체 회로 전선으로 실시합니다.

국가기술자격 실기시험문제 ②

자격종목	전기기능사	과제명	전기 설비의 배선 및 배관 공사	척도	NS

1 배관 및 기구 배치도

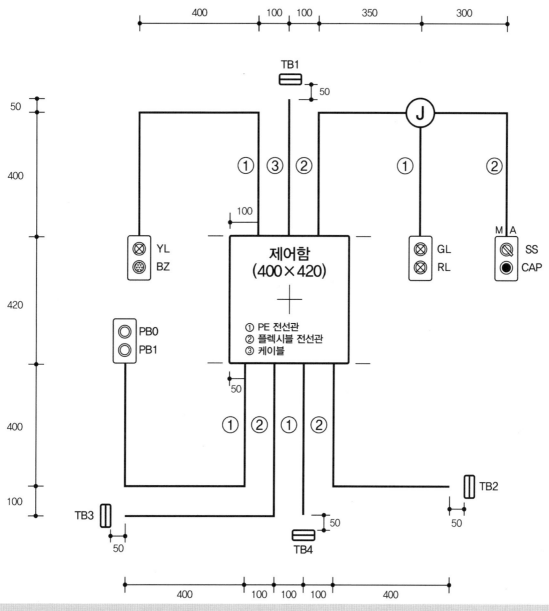

※ NOTE : 치수 기준점은 제어함의 중심으로 한다.

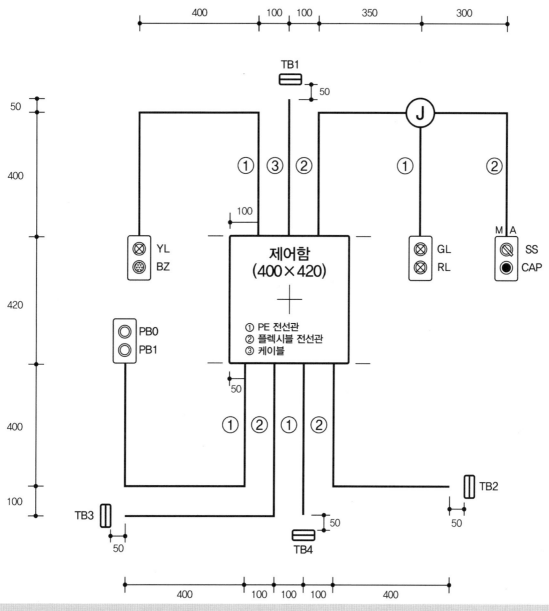
제어함
(400×420)
① PE 전선관
② 플렉시블 전선관
③ 케이블

2 제어판 내부 기구 배치도

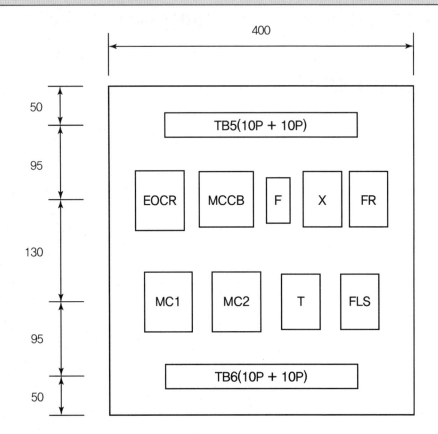

[범례]

기호	명칭	기호	명칭
TB1	전원(단자대 4P)	PB0	푸시버튼 스위치(적색)
TB2, TB3	전동기(단자대 4P)	PB1	푸시버튼 스위치(녹색)
TB4	플로트레스(단자대 4P)	SS	셀렉터 스위치
TB5, TB6	단자대(10P + 10P)	YL	램프(황색)
MC1, MC2	전자접촉기(12P)	GL	램프(녹색)
EOCR	EOCR(12P)	RL	램프(적색)
X	릴레이(8P)	BZ	부저
T	타이머(8P)	CAP	홀마개
FR	플리커릴레이(8P)	□	8각 박스
FLS	플로트레스 스위치(8P)	F	퓨즈 및 퓨즈홀더
MCCB	배선용차단기		

3 제어회로의 시퀀스 회로도

※ 본 도면은 시험을 위해서 임의 구성한 것으로 상용도면과 상이할 수 있습니다.

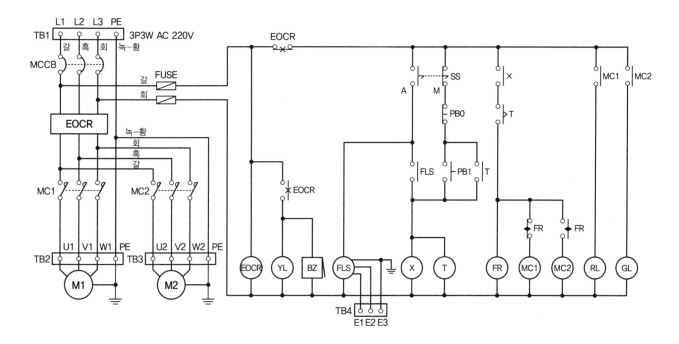

※ NOTE
- 플로트레스 스위치 FLS에서 TB4로 배선되는 E1, E2, E3는 보조회로 전선을 사용합니다.
- 플로트레스 스위치 FLS의 보호도체(접지) 결선은 제어판(TB6 또는 FLS 소켓)에서 보호도체 회로 전선으로 실시합니다.

국가기술자격 실기시험문제 ② 223

부
록

자격종목	전기기능사	과제명	전기 설비의 배선 및 배관 공사	척도	NS

1 배관 및 기구 배치도

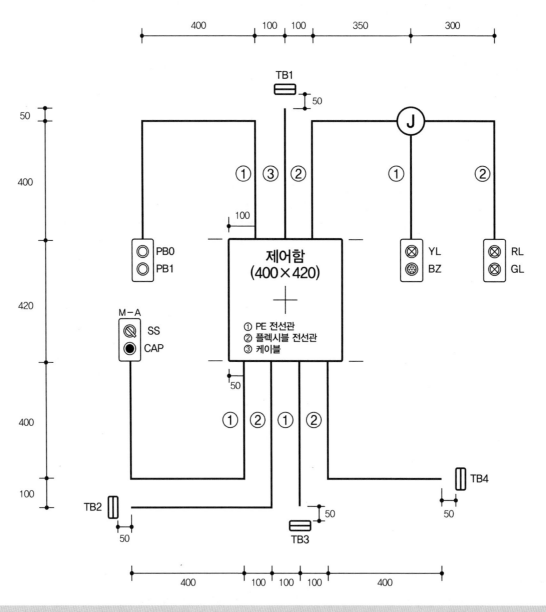

※ NOTE : 치수 기준점은 제어함의 중심으로 한다.

자격종목	전기기능사	과제명	전기 설비의 배선 및 배관 공사	척도	NS

2 제어판 내부 기구 배치도

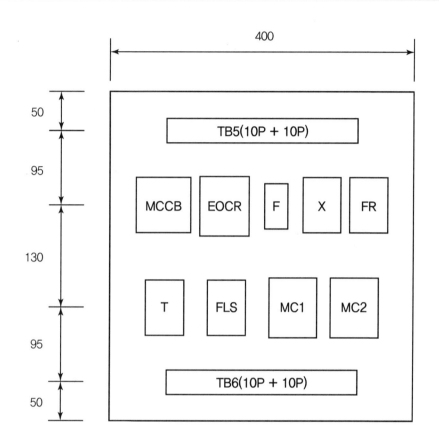

[범례]

기호	명칭	기호	명칭
TB1	전원(단자대 4P)	PB0	푸시버튼 스위치(적색)
TB2, TB3	전동기(단자대 4P)	PB1	푸시버튼 스위치(녹색)
TB4	플로트레스(단자대 4P)	SS	셀렉터 스위치
TB5, TB6	단자대(10P + 10P)	YL	램프(황색)
MC1, MC2	전자접촉기(12P)	GL	램프(녹색)
EOCR	EOCR(12P)	RL	램프(적색)
X	릴레이(8P)	BZ	부저
T	타이머(8P)	CAP	홀마개
FR	플리커릴레이(8P)	□	8각 박스
FLS	플로트레스 스위치(8P)	F	퓨즈 및 퓨즈홀더
MCCB	배선용차단기		

3 제어회로의 시퀀스 회로도

※ 본 도면은 시험을 위해서 임의 구성한 것으로 상용도면과 상이할 수 있습니다.

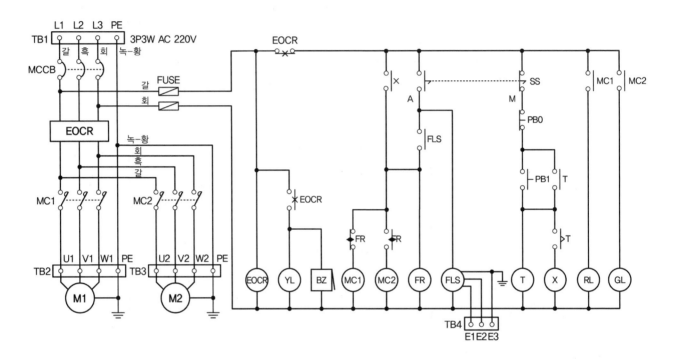

※ NOTE
 - 플로트레스 스위치 FLS에서 TB4로 배선되는 E1, E2, E3는 보조회로 전선을 사용합니다.
 - 플로트레스 스위치 FLS의 보호도체(접지) 결선은 제어판(TB6 또는 FLS 소켓)에서 보호도체 회로 전선으로 실시합니다.

국가기술자격 실기시험문제 ④

자격종목	전기기능사	과제명	전기 설비의 배선 및 배관 공사	척도	NS

1 배관 및 기구 배치도

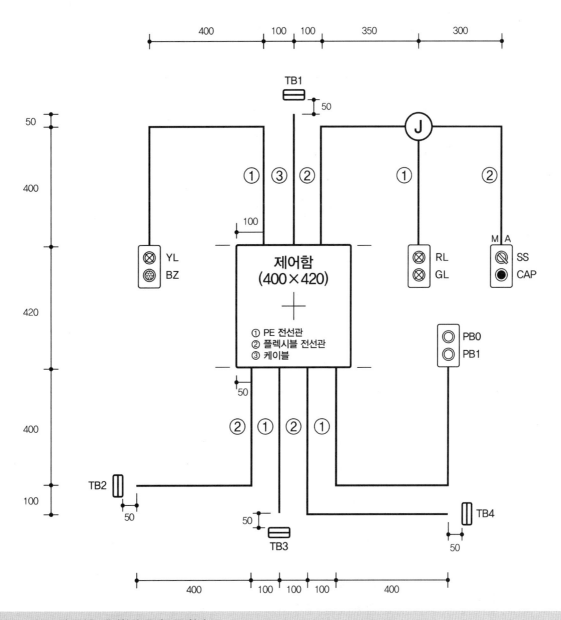

※ NOTE : 치수 기준점은 제어함의 중심으로 한다.

2 제어판 내부 기구 배치도

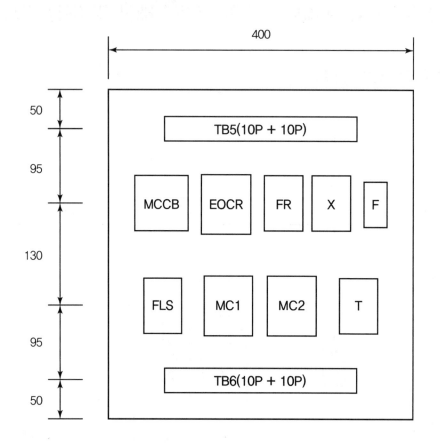

[범례]

기호	명칭	기호	명칭
TB1	전원(단자대 4P)	PB0	푸시버튼 스위치(적색)
TB2, TB3	전동기(단자대 4P)	PB1	푸시버튼 스위치(녹색)
TB4	플로트레스(단자대 4P)	SS	셀렉터 스위치
TB5, TB6	단자대(10P + 10P)	YL	램프(황색)
MC1, MC2	전자접촉기(12P)	GL	램프(녹색)
EOCR	EOCR(12P)	RL	램프(적색)
X	릴레이(8P)	BZ	부저
T	타이머(8P)	CAP	홀마개
FR	플리커릴레이(8P)	□	8각 박스
FLS	플로트레스 스위치(8P)	F	퓨즈 및 퓨즈홀더
MCCB	배선용차단기		

3 제어회로의 시퀀스 회로도

※ 본 도면은 시험을 위해서 임의 구성한 것으로 상용도면과 상이할 수 있습니다.

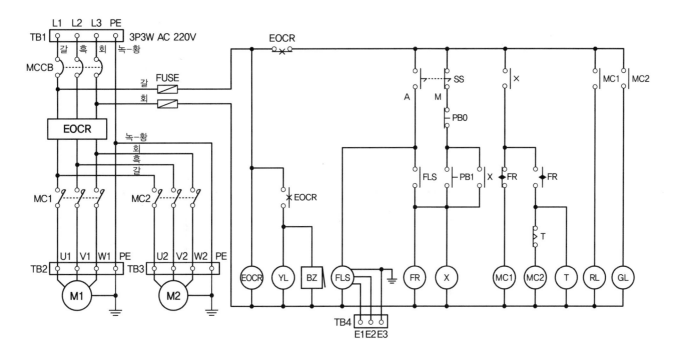

※ NOTE
- 플로트레스 스위치 FLS에서 TB4로 배선되는 E1, E2, E3는 보조회로 전선을 사용합니다.
- 플로트레스 스위치 FLS의 보호도체(접지) 결선은 제어판(TB6 또는 FLS 소켓)에서 보호도체 회로 전선으로 실시합니다.

자격종목	전기기능사	과제명	전기 설비의 배선 및 배관 공사	척도	NS

1 배관 및 기구 배치도

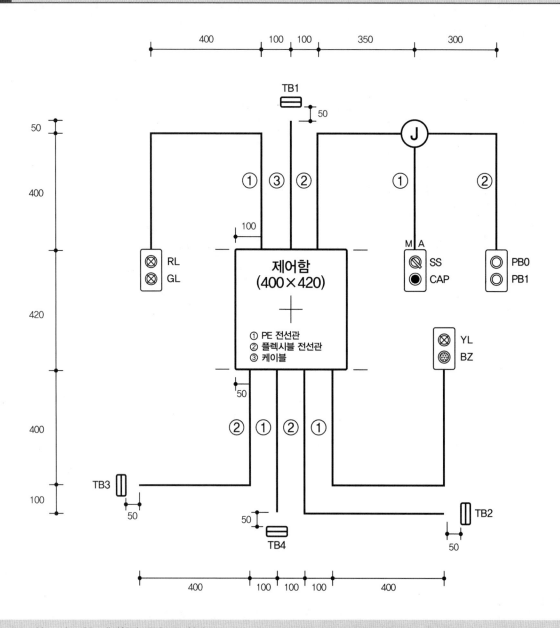

※ NOTE : 치수 기준점은 제어함의 중심으로 한다.

자격종목	전기기능사	과제명	전기 설비의 배선 및 배관 공사	척도	NS

2 제어판 내부 기구 배치도

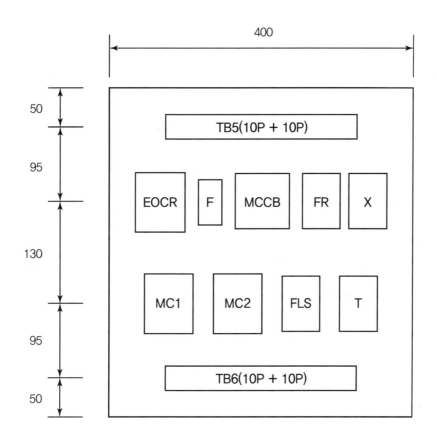

[범례]

기호	명칭	기호	명칭
TB1	전원(단자대 4P)	PB0	푸시버튼 스위치(적색)
TB2, TB3	전동기(단자대 4P)	PB1	푸시버튼 스위치(녹색)
TB4	플로트레스(단자대 4P)	SS	셀렉터 스위치
TB5, TB6	단자대(10P + 10P)	YL	램프(황색)
MC1, MC2	전자접촉기(12P)	GL	램프(녹색)
EOCR	EOCR(12P)	RL	램프(적색)
X	릴레이(8P)	BZ	부저
T	타이머(8P)	CAP	홀마개
FR	플리커릴레이(8P)	□	8각 박스
FLS	플로트레스 스위치(8P)	F	퓨즈 및 퓨즈홀더
MCCB	배선용차단기		

부
록

3 제어회로의 시퀀스 회로도

※ 본 도면은 시험을 위해서 임의 구성한 것으로 상용도면과 상이할 수 있습니다.

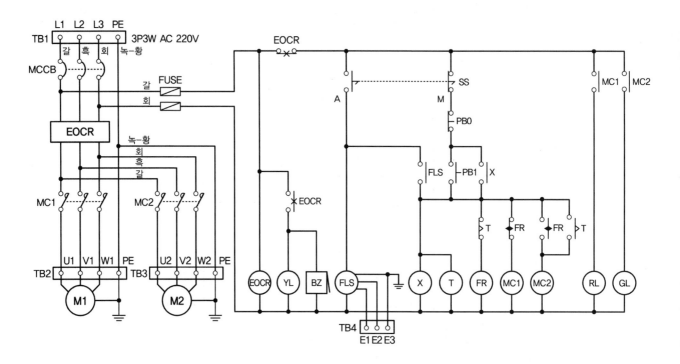

※ NOTE
- 플로트레스 스위치 FLS에서 TB4로 배선되는 E1, E2, E3는 보조회로 전선을 사용합니다.
- 플로트레스 스위치 FLS의 보호도체(접지) 결선은 제어판(TB6 또는 FLS 소켓)에서 보호도체 회로 전선으로 실시합니다.

국가기술자격 실기시험문제 ⑥

자격종목	전기기능사	과제명	전기 설비의 배선 및 배관 공사	척도	NS

1 배관 및 기구 배치도

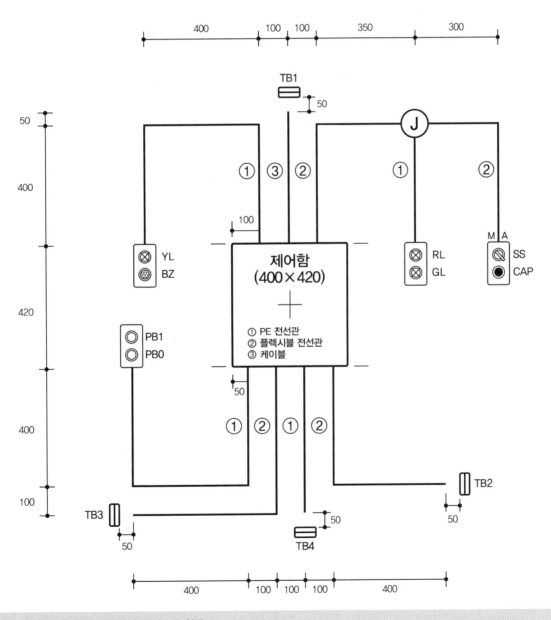

※ NOTE : 치수 기준점은 제어함의 중심으로 한다.

2 제어판 내부 기구 배치도

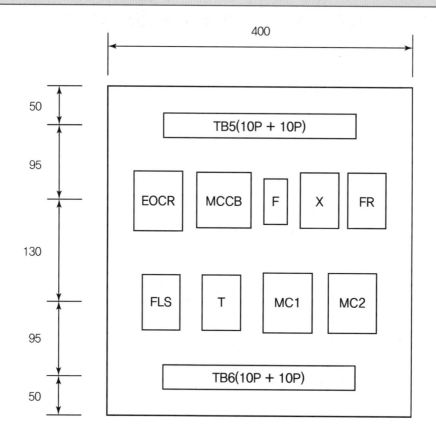

[범례]

기호	명칭	기호	명칭
TB1	전원(단자대 4P)	PB0	푸시버튼 스위치(적색)
TB2, TB3	전동기(단자대 4P)	PB1	푸시버튼 스위치(녹색)
TB4	플로트레스(단자대 4P)	SS	셀렉터 스위치
TB5, TB6	단자대(10P + 10P)	YL	램프(황색)
MC1, MC2	전자접촉기(12P)	GL	램프(녹색)
EOCR	EOCR(12P)	RL	램프(적색)
X	릴레이(8P)	BZ	부저
T	타이머(8P)	CAP	홀마개
FR	플리커릴레이(8P)	□	8각 박스
FLS	플로트레스 스위치(8P)	F	퓨즈 및 퓨즈홀더
MCCB	배선용차단기		

3 제어회로의 시퀀스 회로도

※ 본 도면은 시험을 위해서 임의 구성한 것으로 상용도면과 상이할 수 있습니다.

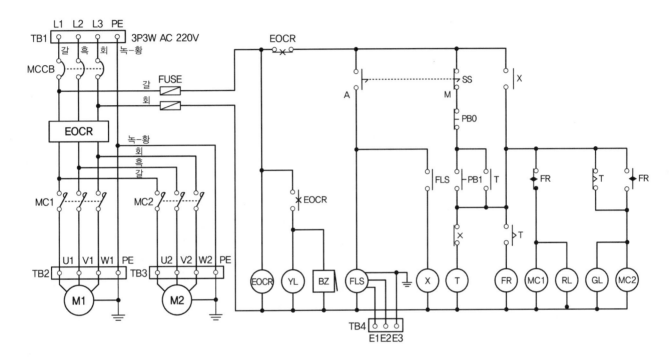

※ NOTE
- 플로트레스 스위치 FLS에서 TB4로 배선되는 E1, E2, E3는 보조회로 전선을 사용합니다.
- 플로트레스 스위치 FLS의 보호도체(접지) 결선은 제어판(TB6 또는 FLS 소켓)에서 보호도체 회로 전선으로 실시합니다.

자격종목	전기기능사	과제명	전기 설비의 배선 및 배관 공사	척도	NS

1 배관 및 기구 배치도

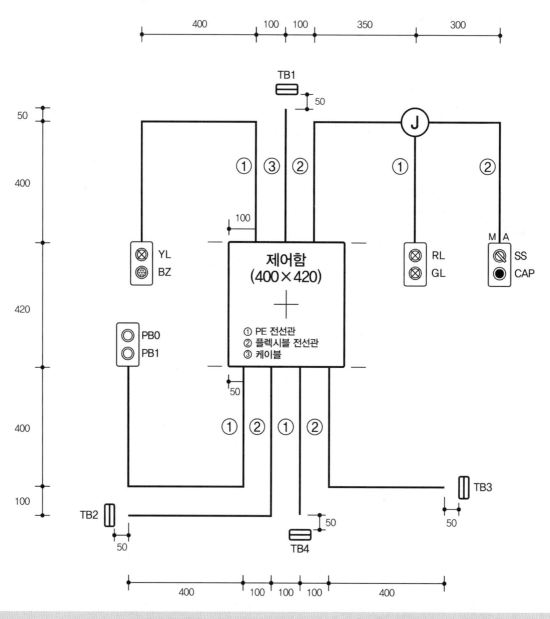

제어함
(400×420)

① PE 전선관
② 플렉시블 전선관
③ 케이블

※ NOTE : 치수 기준점은 제어함의 중심으로 한다.

자격종목	전기기능사	과제명	전기 설비의 배선 및 배관 공사	척도	NS

2 제어판 내부 기구 배치도

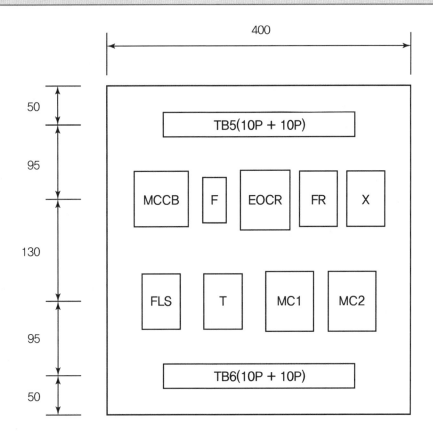

[범례]

기호	명칭	기호	명칭
TB1	전원(단자대 4P)	PB0	푸시버튼 스위치(적색)
TB2, TB3	전동기(단자대 4P)	PB1	푸시버튼 스위치(녹색)
TB4	플로트레스(단자대 4P)	SS	셀렉터 스위치
TB5, TB6	단자대(10P + 10P)	YL	램프(황색)
MC1, MC2	전자접촉기(12P)	GL	램프(녹색)
EOCR	EOCR(12P)	RL	램프(적색)
X	릴레이(8P)	BZ	부저
T	타이머(8P)	CAP	홀마개
FR	플리커릴레이(8P)	□	8각 박스
FLS	플로트레스 스위치(8P)	F	퓨즈 및 퓨즈홀더
MCCB	배선용차단기		

3 제어회로의 시퀀스 회로도

※ 본 도면은 시험을 위해서 임의 구성한 것으로 상용도면과 상이할 수 있습니다.

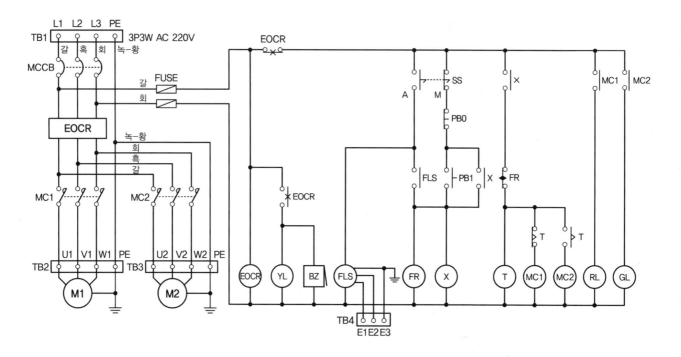

※ NOTE
 - 플로트레스 스위치 FLS에서 TB4로 배선되는 E1, E2, E3는 보조회로 전선을 사용합니다.
 - 플로트레스 스위치 FLS의 보호도체(접지) 결선은 제어판(TB6 또는 FLS 소켓)에서 보호도체 회로 전선으로 실시합니다.

자격종목	전기기능사	과제명	전기 설비의 배선 및 배관 공사	척도	NS

1 배관 및 기구 배치도

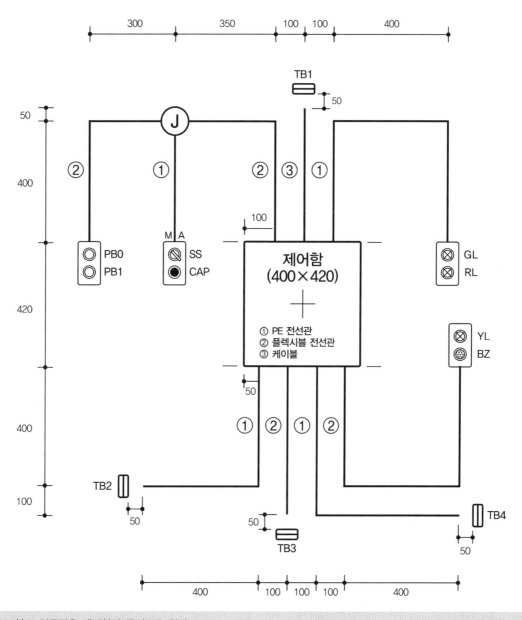

※ NOTE : 치수 기준점은 제어함의 중심으로 한다.

자격종목	전기기능사	과제명	전기 설비의 배선 및 배관 공사	척도	NS

2 제어판 내부 기구 배치도

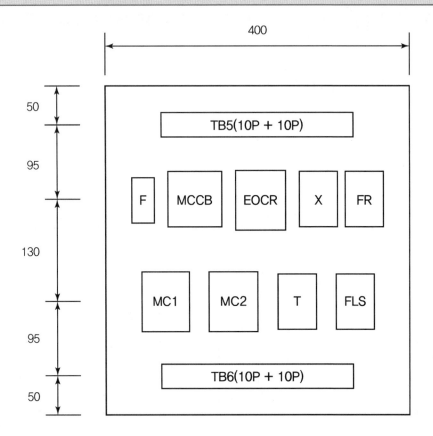

[범례]

기호	명칭	기호	명칭
TB1	전원(단자대 4P)	PB0	푸시버튼 스위치(적색)
TB2, TB3	전동기(단자대 4P)	PB1	푸시버튼 스위치(녹색)
TB4	플로트레스(단자대 4P)	SS	셀렉터 스위치
TB5, TB6	단자대(10P + 10P)	YL	램프(황색)
MC1, MC2	전자접촉기(12P)	GL	램프(녹색)
EOCR	EOCR(12P)	RL	램프(적색)
X	릴레이(8P)	BZ	부저
T	타이머(8P)	CAP	홀마개
FR	플리커릴레이(8P)	□	8각 박스
FLS	플로트레스 스위치(8P)	F	퓨즈 및 퓨즈홀더
MCCB	배선용차단기		

3 제어회로의 시퀀스 회로도

※ 본 도면은 시험을 위해서 임의 구성한 것으로 상용도면과 상이할 수 있습니다.

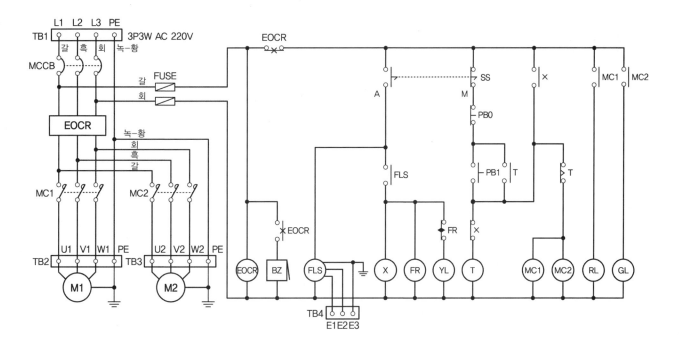

※ NOTE
- 플로트레스 스위치 FLS에서 TB4로 배선되는 E1, E2, E3는 보조회로 전선을 사용합니다.
- 플로트레스 스위치 FLS의 보호도체(접지) 결선은 제어판(TB6 또는 FLS 소켓)에서 보호도체 회로 전선으로 실시합니다.

자격종목	전기기능사	과제명	전기 설비의 배선 및 배관 공사	척도	NS

1 배관 및 기구 배치도

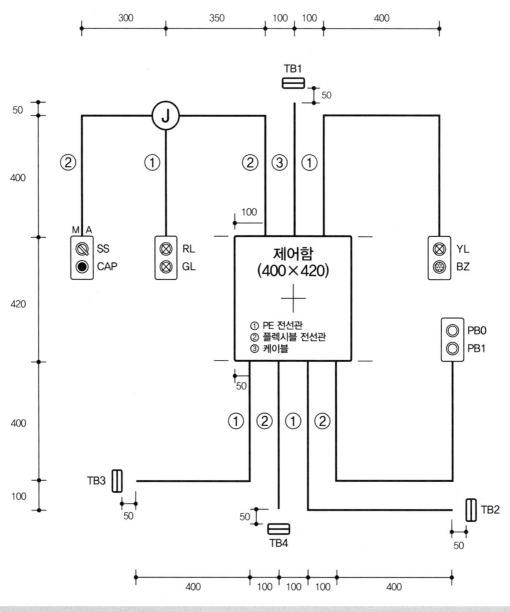

※ NOTE : 치수 기준점은 제어함의 중심으로 한다.

2 제어판 내부 기구 배치도

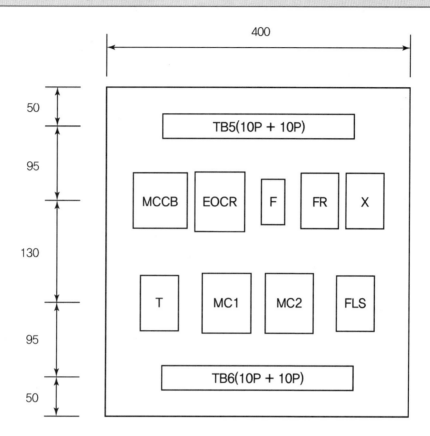

[범례]

기호	명칭	기호	명칭
TB1	전원(단자대 4P)	PB0	푸시버튼 스위치(적색)
TB2, TB3	전동기(단자대 4P)	PB1	푸시버튼 스위치(녹색)
TB4	플로트레스(단자대 4P)	SS	셀렉터 스위치
TB5, TB6	단자대(10P + 10P)	YL	램프(황색)
MC1, MC2	전자접촉기(12P)	GL	램프(녹색)
EOCR	EOCR(12P)	RL	램프(적색)
X	릴레이(8P)	BZ	부저
T	타이머(8P)	CAP	홀마개
FR	플리커릴레이(8P)	□	8각 박스
FLS	플로트레스 스위치(8P)	F	퓨즈 및 퓨즈홀더
MCCB	배선용차단기		

3 제어회로의 시퀀스 회로도

※ 본 도면은 시험을 위해서 임의 구성한 것으로 상용도면과 상이할 수 있습니다.

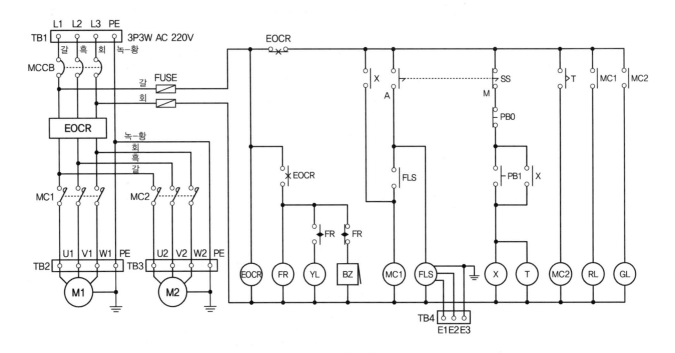

※ NOTE
- 플로트레스 스위치 FLS에서 TB4로 배선되는 E1, E2, E3는 보조회로 전선을 사용합니다.
- 플로트레스 스위치 FLS의 보호도체(접지) 결선은 제어판(TB6 또는 FLS 소켓)에서 보호도체 회로 전선으로 실시합니다.

자격종목	전기기능사	과제명	전기 설비의 배선 및 배관 공사	척도	NS

1 배관 및 기구 배치도

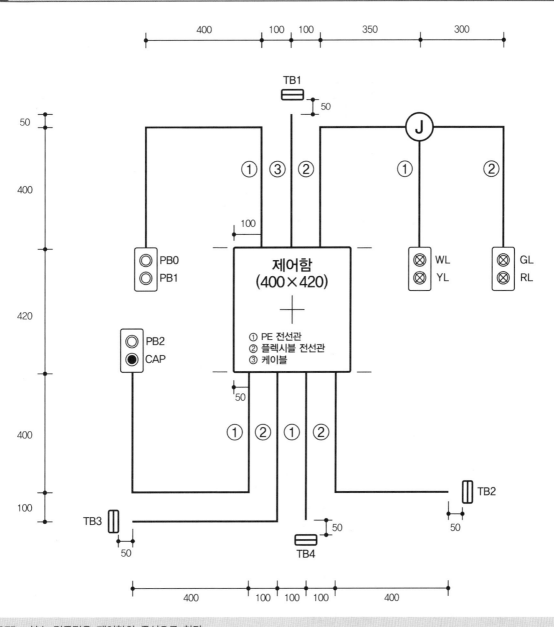

※ NOTE : 치수 기준점은 제어함의 중심으로 한다.

부
록

2 제어판 내부 기구 배치도

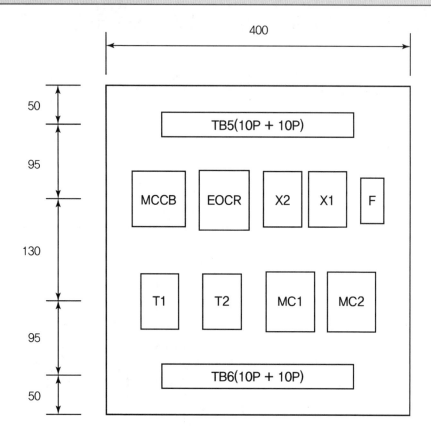

[범례]

기호	명칭	기호	명칭
TB1	전원(단자대 4P)	PB0	푸시버튼 스위치(적색)
TB2, TB3	전동기(단자대 4P)	PB1	푸시버튼 스위치(녹색)
TB4	LS1, LS2(단자대 4P)	PB2	푸시버튼 스위치(녹색)
TB5, TB6	단자대(10P + 10P)	YL	램프(황색)
MC1, MC2	전자접촉기(12P)	GL	램프(녹색)
EOCR	EOCR(12P)	RL	램프(적색)
X1, X2	릴레이(8P)	WL	램프(백색)
T1, T2	타이머(8P)	CAP	홀마개
F	퓨즈 및 퓨즈홀더	□	8각 박스
MCCB	배선용차단기		

3 제어회로의 시퀀스 회로도

※ 본 도면은 시험을 위해서 임의 구성한 것으로 상용도면과 상이할 수 있습니다.

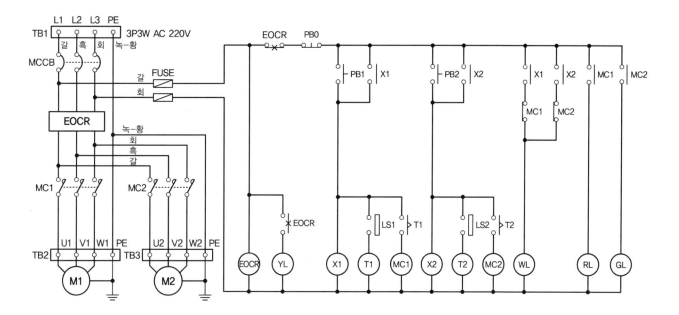

자격종목	전기기능사	과제명	전기 설비의 배선 및 배관 공사	척도	NS

1 배관 및 기구 배치도

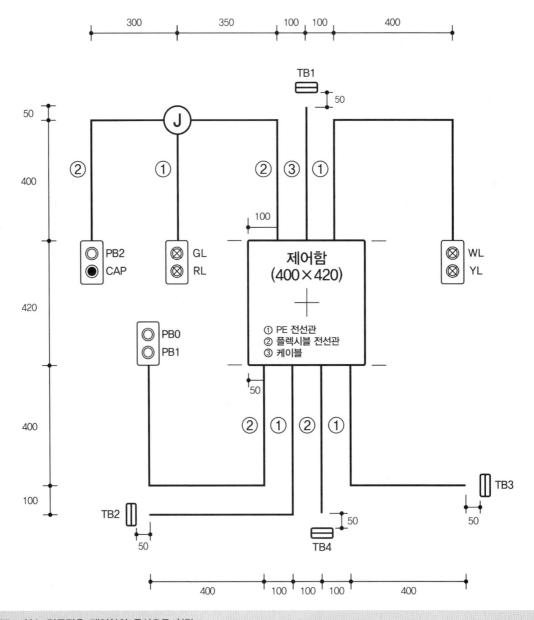

300   350   100   100   400

TB1
50

50

② ① ② ③ ①

400

100

PB2
CAP

GL
RL

제어함
(400×420)

WL
YL

420

PB0
PB1

① PE 전선관
② 플렉시블 전선관
③ 케이블

400

50

② ① ② ①

100

TB3

TB2

50

TB4

50

50

50

400   100   100   100   400

※ NOTE : 치수 기준점은 제어함의 중심으로 한다.

자격종목	전기기능사	과제명	전기 설비의 배선 및 배관 공사	척도	NS

2 제어판 내부 기구 배치도

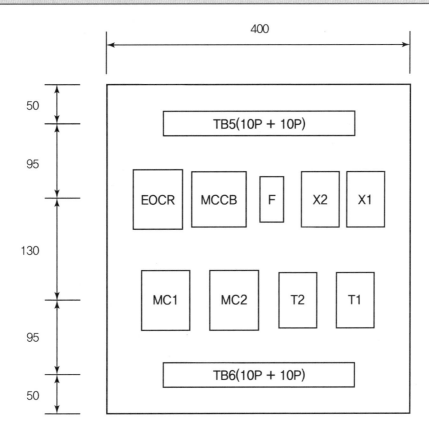

[범례]

기호	명칭	기호	명칭
TB1	전원(단자대 4P)	PB0	푸시버튼 스위치(적색)
TB2, TB3	전동기(단자대 4P)	PB1	푸시버튼 스위치(녹색)
TB4	LS1, LS2(단자대 4P)	PB2	푸시버튼 스위치(녹색)
TB5, TB6	단자대(10P + 10P)	YL	램프(황색)
MC1, MC2	전자접촉기(12P)	GL	램프(녹색)
EOCR	EOCR(12P)	RL	램프(적색)
X1, X2	릴레이(8P)	WL	램프(백색)
T1, T2	타이머(8P)	CAP	홀마개
F	퓨즈 및 퓨즈홀더	□	8각 박스
MCCB	배선용차단기		

3 제어회로의 시퀀스 회로도

※ 본 도면은 시험을 위해서 임의 구성한 것으로 상용도면과 상이할 수 있습니다.

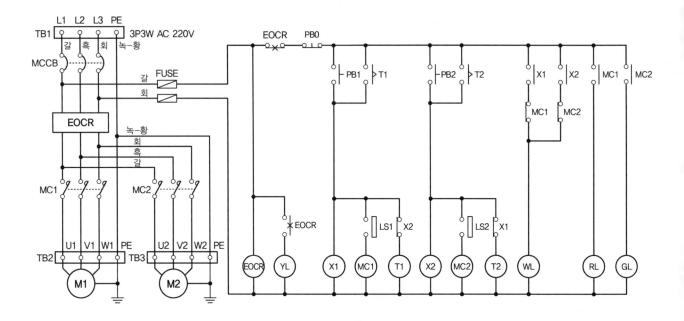

국가기술자격 실기시험문제 ⑫

자격종목	전기기능사	과제명	전기 설비의 배선 및 배관 공사	척도	NS

1 배관 및 기구 배치도

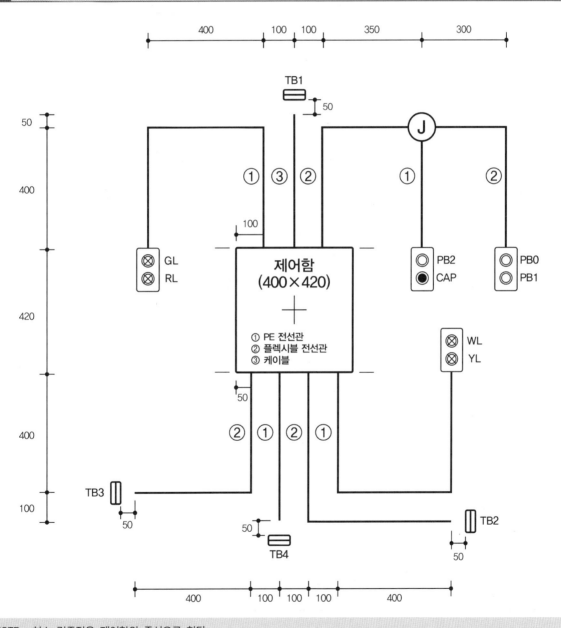

※ NOTE : 치수 기준점은 제어함의 중심으로 한다.

국가기술자격 실기시험문제 ⑫ 251

2 제어판 내부 기구 배치도

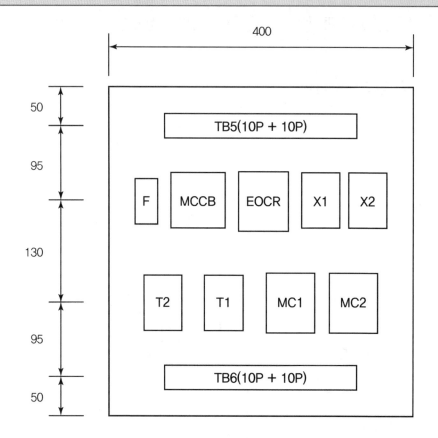

[범례]

기호	명칭	기호	명칭
TB1	전원(단자대 4P)	PB0	푸시버튼 스위치(적색)
TB2, TB3	전동기(단자대 4P)	PB1	푸시버튼 스위치(녹색)
TB4	LS1, LS2(단자대 4P)	PB2	푸시버튼 스위치(녹색)
TB5, TB6	단자대(10P + 10P)	YL	램프(황색)
MC1, MC2	전자접촉기(12P)	GL	램프(녹색)
EOCR	EOCR(12P)	RL	램프(적색)
X1, X2	릴레이(8P)	WL	램프(백색)
T1, T2	타이머(8P)	CAP	홀마개
F	퓨즈 및 퓨즈홀더	□	8각 박스
MCCB	배선용차단기		

3 제어회로의 시퀀스 회로도

※ 본 도면은 시험을 위해서 임의 구성한 것으로 상용도면과 상이할 수 있습니다.

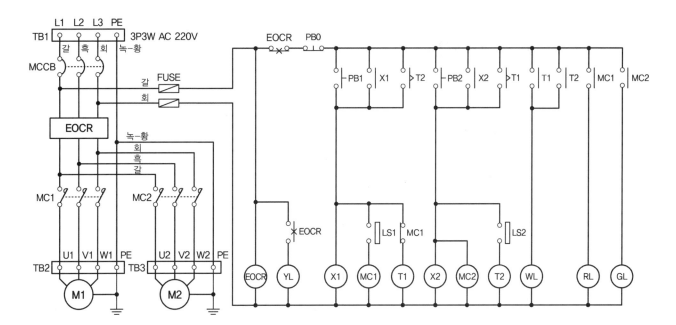

부
록

자격종목	전기기능사	과제명	전기 설비의 배선 및 배관 공사	척도	NS

1 배관 및 기구 배치도

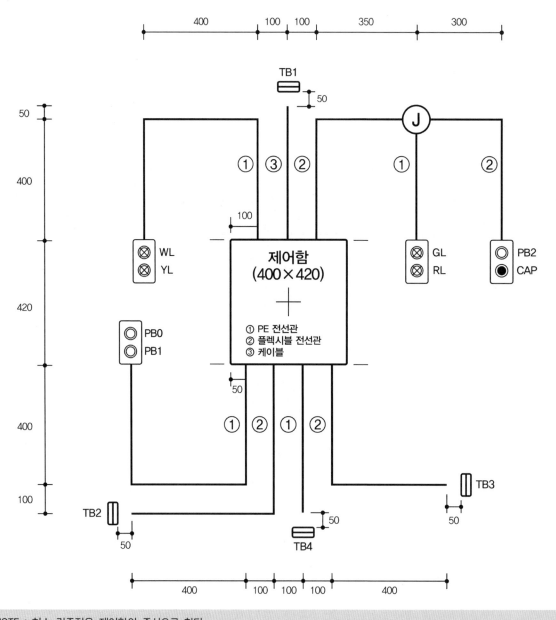

※ NOTE : 치수 기준점은 제어함의 중심으로 한다.

2 제어판 내부 기구 배치도

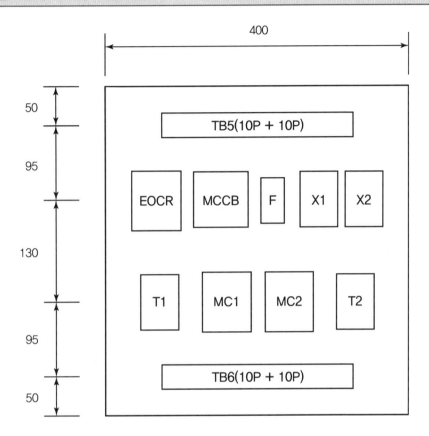

[범례]

기호	명칭	기호	명칭
TB1	전원(단자대 4P)	PB0	푸시버튼 스위치(적색)
TB2, TB3	전동기(단자대 4P)	PB1	푸시버튼 스위치(녹색)
TB4	LS1, LS2(단자대 4P)	PB2	푸시버튼 스위치(녹색)
TB5, TB6	단자대(10P + 10P)	YL	램프(황색)
MC1, MC2	전자접촉기(12P)	GL	램프(녹색)
EOCR	EOCR(12P)	RL	램프(적색)
X1, X2	릴레이(8P)	WL	램프(백색)
T1, T2	타이머(8P)	CAP	홀마개
F	퓨즈 및 퓨즈홀더	□	8각 박스
MCCB	배선용차단기		

3 제어회로의 시퀀스 회로도

※ 본 도면은 시험을 위해서 임의 구성한 것으로 상용도면과 상이할 수 있습니다.

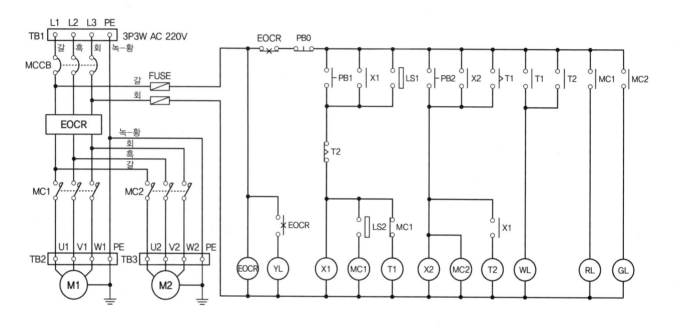

자격종목	전기기능사	과제명	전기 설비의 배선 및 배관 공사	척도	NS

1 배관 및 기구 배치도

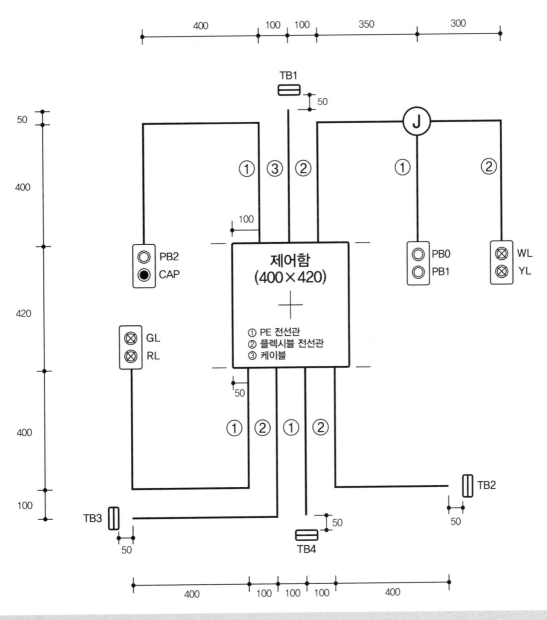

※ NOTE : 치수 기준점은 제어함의 중심으로 한다.

부록

2 제어판 내부 기구 배치도

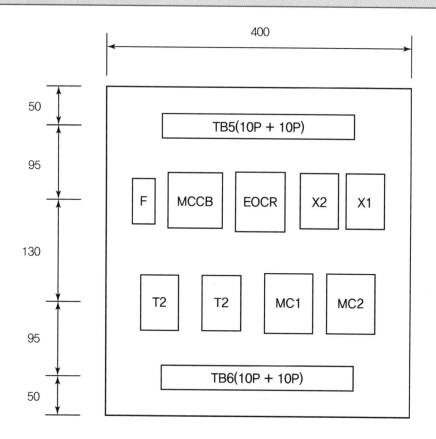

[범례]

기호	명칭	기호	명칭
TB1	전원(단자대 4P)	PB0	푸시버튼 스위치(적색)
TB2, TB3	전동기(단자대 4P)	PB1	푸시버튼 스위치(녹색)
TB4	LS1, LS2(단자대 4P)	PB2	푸시버튼 스위치(녹색)
TB5, TB6	단자대(10P + 10P)	YL	램프(황색)
MC1, MC2	전자접촉기(12P)	GL	램프(녹색)
EOCR	EOCR(12P)	RL	램프(적색)
X1, X2	릴레이(8P)	WL	램프(백색)
T1, T2	타이머(8P)	CAP	홀마개
F	퓨즈 및 퓨즈홀더	□	8각 박스
MCCB	배선용차단기		

3 제어회로의 시퀀스 회로도

※ 본 도면은 시험을 위해서 임의 구성한 것으로 상용도면과 상이할 수 있습니다.

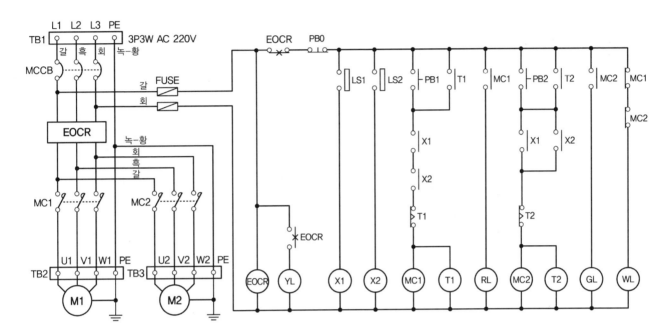

부
록

국가기술자격 실기시험문제 ⑮

자격종목	전기기능사	과제명	전기 설비의 배선 및 배관 공사	척도	NS

1 　배관 및 기구 배치도

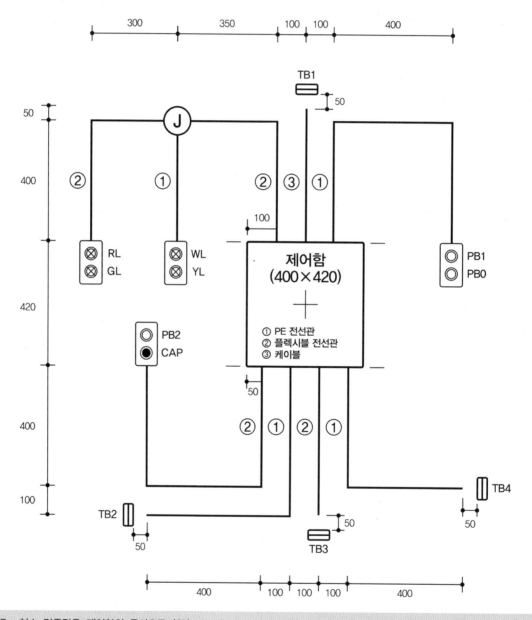

※ NOTE : 치수 기준점은 제어함의 중심으로 한다.

자격종목	전기기능사	과제명	전기 설비의 배선 및 배관 공사	척도	NS

2 제어판 내부 기구 배치도

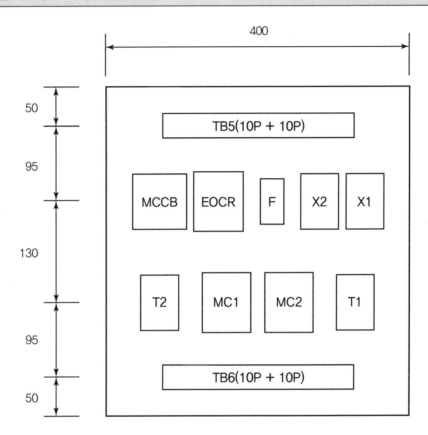

[범례]

기호	명칭	기호	명칭
TB1	전원(단자대 4P)	PB0	푸시버튼 스위치(적색)
TB2, TB3	전동기(단자대 4P)	PB1	푸시버튼 스위치(녹색)
TB4	LS1, LS2(단자대 4P)	PB2	푸시버튼 스위치(녹색)
TB5, TB6	단자대(10P + 10P)	YL	램프(황색)
MC1, MC2	전자접촉기(12P)	GL	램프(녹색)
EOCR	EOCR(12P)	RL	램프(적색)
X1, X2	릴레이(8P)	WL	램프(백색)
T1, T2	타이머(8P)	CAP	홀마개
F	퓨즈 및 퓨즈홀더	□	8각 박스
MCCB	배선용차단기		

3 제어회로의 시퀀스 회로도

※ 본 도면은 시험을 위해서 임의 구성한 것으로 상용도면과 상이할 수 있습니다.

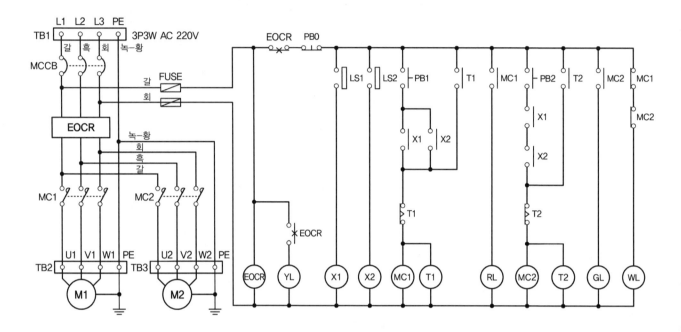

자격종목	전기기능사	과제명	전기 설비의 배선 및 배관 공사	척도	NS

1 배관 및 기구 배치도

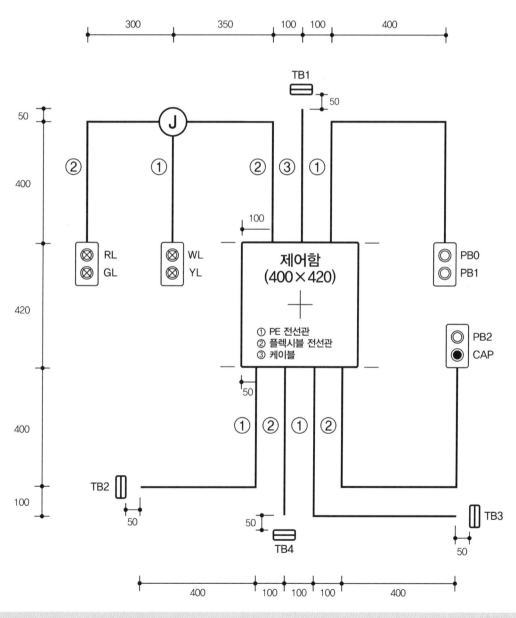

※ NOTE : 치수 기준점은 제어함의 중심으로 한다.

2 제어판 내부 기구 배치도

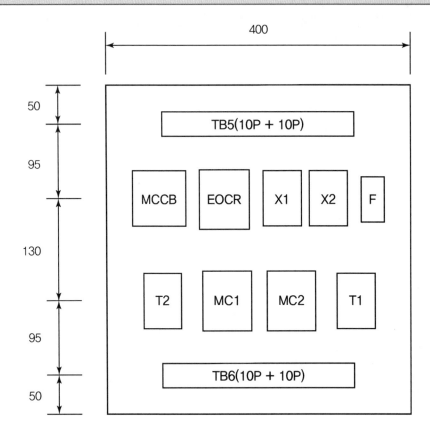

[범례]

기호	명칭	기호	명칭
TB1	전원(단자대 4P)	PB0	푸시버튼 스위치(적색)
TB2, TB3	전동기(단자대 4P)	PB1	푸시버튼 스위치(녹색)
TB4	LS1, LS2(단자대 4P)	PB2	푸시버튼 스위치(녹색)
TB5, TB6	단자대(10P + 10P)	YL	램프(황색)
MC1, MC2	전자접촉기(12P)	GL	램프(녹색)
EOCR	EOCR(12P)	RL	램프(적색)
X1, X2	릴레이(8P)	WL	램프(백색)
T1, T2	타이머(8P)	CAP	홀마개
F	퓨즈 및 퓨즈홀더	□	8각 박스
MCCB	배선용차단기		

3　제어회로의 시퀀스 회로도

※ 본 도면은 시험을 위해서 임의 구성한 것으로 상용도면과 상이할 수 있습니다.

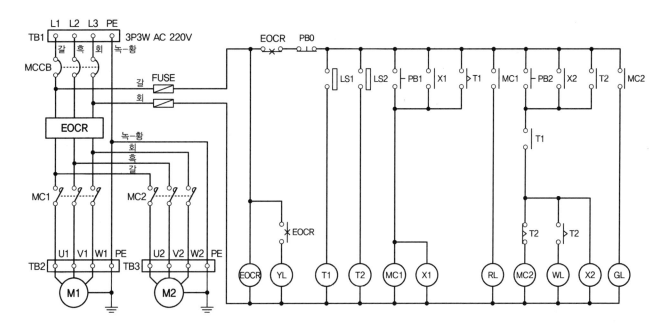

부
록

국가기술자격 실기시험문제 ⑰

자격종목	전기기능사	과제명	전기 설비의 배선 및 배관 공사	척도	NS

1 배관 및 기구 배치도

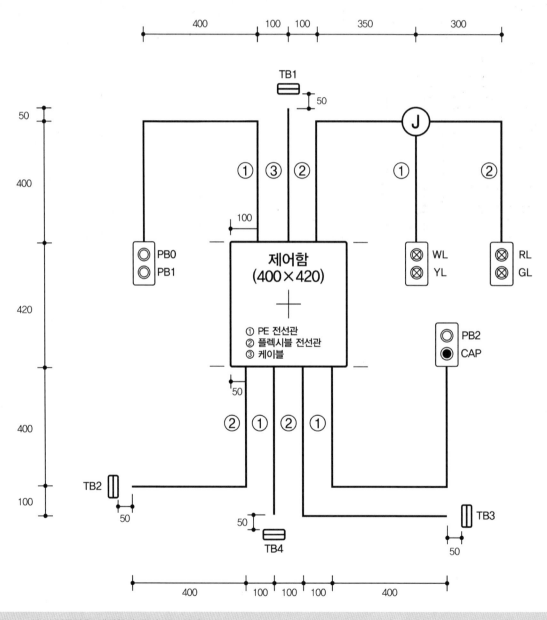

※ NOTE : 치수 기준점은 제어함의 중심으로 한다.

| 자격종목 | 전기기능사 | 과제명 | 전기 설비의 배선 및 배관 공사 | 척도 | NS |

2 제어판 내부 기구 배치도

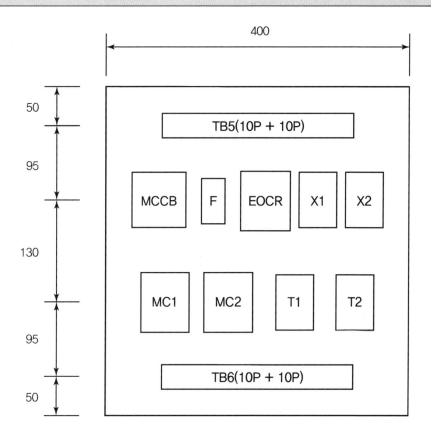

[범례]

기호	명칭	기호	명칭
TB1	전원(단자대 4P)	PB0	푸시버튼 스위치(적색)
TB2, TB3	전동기(단자대 4P)	PB1	푸시버튼 스위치(녹색)
TB4	LS1, LS2(단자대 4P)	PB2	푸시버튼 스위치(녹색)
TB5, TB6	단자대(10P + 10P)	YL	램프(황색)
MC1, MC2	전자접촉기(12P)	GL	램프(녹색)
EOCR	EOCR(12P)	RL	램프(적색)
X1, X2	릴레이(8P)	WL	램프(백색)
T1, T2	타이머(8P)	CAP	홀마개
F	퓨즈 및 퓨즈홀더	□	8각 박스
MCCB	배선용차단기		

3 제어회로의 시퀀스 회로도

※ 본 도면은 시험을 위해서 임의 구성한 것으로 상용도면과 상이할 수 있습니다.

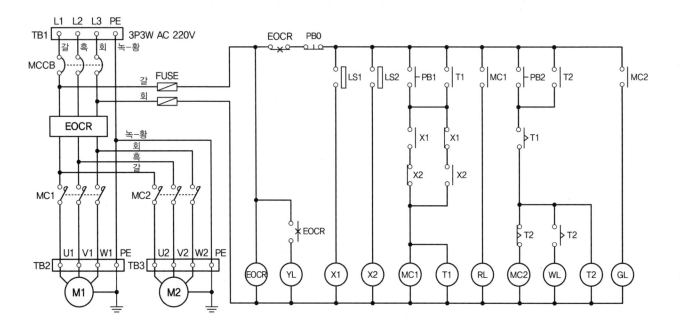

자격종목	전기기능사	과제명	전기 설비의 배선 및 배관 공사	척도	NS

1 배관 및 기구 배치도

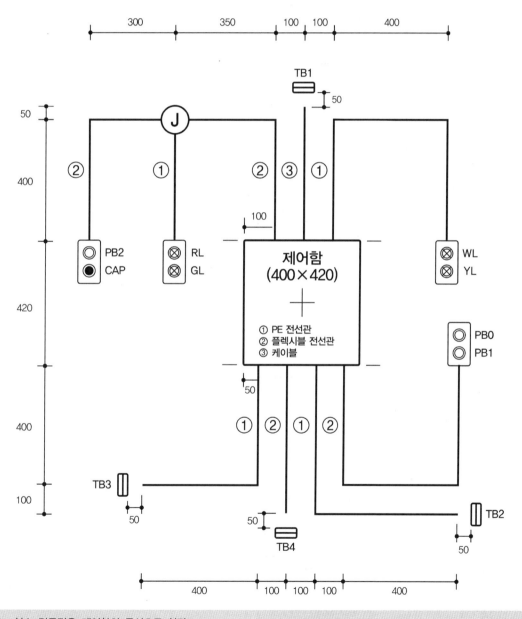

※ NOTE : 치수 기준점은 제어함의 중심으로 한다.

2 | 제어판 내부 기구 배치도

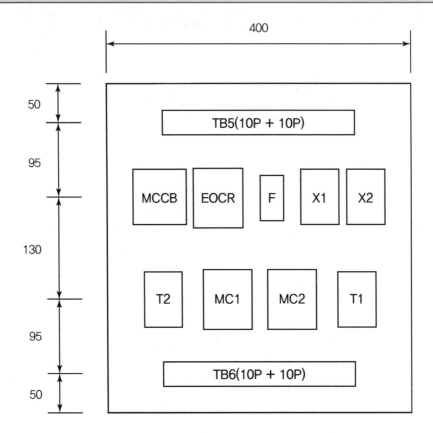

[범례]

기호	명칭	기호	명칭
TB1	전원(단자대 4P)	PB0	푸시버튼 스위치(적색)
TB2, TB3	전동기(단자대 4P)	PB1	푸시버튼 스위치(녹색)
TB4	LS1, LS2(단자대 4P)	PB2	푸시버튼 스위치(녹색)
TB5, TB6	단자대(10P + 10P)	YL	램프(황색)
MC1, MC2	전자접촉기(12P)	GL	램프(녹색)
EOCR	EOCR(12P)	RL	램프(적색)
X1, X2	릴레이(8P)	WL	램프(백색)
T1, T2	타이머(8P)	CAP	홀마개
F	퓨즈 및 퓨즈홀더	□	8각 박스
MCCB	배선용차단기		

3 제어회로의 시퀀스 회로도

※ 본 도면은 시험을 위해서 임의 구성한 것으로 상용도면과 상이할 수 있습니다.

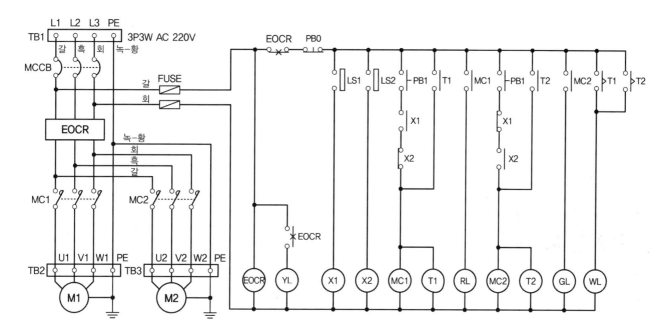

부
록

박문각 취밥러 시리즈
전기기능사 실기

초판인쇄	2025. 1. 10
초판발행	2025. 1. 15

저자와의
협의 하에
인지 생략

발 행 인	박용
출판총괄	김현실, 김세라
개발책임	이성준
편집개발	김태희
마 케 팅	김치환, 최지희, 이혜진, 손정민, 정재윤, 최선희, 윤혜진, 오유진
일러스트	㈜ 유미지

발 행 처	㈜ 박문각출판
출판등록	등록번호 제2019-000137호
주 소	06654 서울시 서초구 효령로 283 서경B/D 4층
전 화	(02) 6466-7202
팩 스	(02) 584-2927
홈페이지	www.pmgbooks.co.kr

ISBN	979-11-7262-270-1
정가	18,000원